内 容 简 介

近年来，FRP(Fiber Reinforced Polymer)筋以其轻质、高强及抗疲劳等优良特性，应用越来越广泛，特别是在路面工程、海洋工程、岩土工程以及桥梁工程中具有广阔的应用前景。FRP筋作为一种新型复合材料，用其替代钢筋配置于混凝土中，是解决钢筋混凝土结构由于钢筋锈蚀而引起的耐久性问题的有效途径。然而对于FRP筋这种新型材料来说，目前最为迫切需要研究的是其耐久性能，因为一种新型材料能否应用于工程，耐久性能是一个重要指标。

本书对性价比最高且最有可能在土木工程中广泛应用的GFRP筋在实际混凝土环境中不同侵蚀条件下的长期抗拉性能进行了较为系统和深入的研究。本书主要内容包括：GFRP筋基本力学与耐久性能试验研究、弯曲荷载与环境耦合作用下混凝土中GFRP筋抗拉性能试验研究、GFRP筋加速老化与自然老化相关性研究、混凝土环境中GFRP筋长期抗拉强度理论模型研究。本书可供土木工程相关专业的研究人员、工程技术人员、规范编制人员以及学生参考使用。

图书在版编目(CIP)数据

持续荷载与环境作用下混凝土梁中GFRP筋抗拉性能研究/何雄君，代力著. —武汉：武汉理工大学出版社，2017.10

ISBN 978-7-5629-5322-7

Ⅰ.①持… Ⅱ.①何… ②代… Ⅲ.①钢筋混凝土梁-抗张性能-研究 Ⅳ.①TU375.1

中国版本图书馆CIP数据核字(2016)第220230号

项目负责人：陈军东
责 任 编 辑：陈　硕
责 任 校 对：余士龙
封 面 设 计：付　群
出 版 发 行：武汉理工大学出版社
地　　　址：武汉市洪山区珞狮路122号
邮　　　编：430070
网　　　址：http://www.wutp.com.cn
经　　　销：各地新华书店
印　　　刷：湖北恒泰印务有限公司
开　　　本：787×960　1/16
印　　　张：11
字　　　数：163千字
版　　　次：2017年10月第1版
印　　　次：2017年10月第1次印刷
定　　　价：58.00元(精装)

凡购本书，如有缺页、倒页、脱页等印装质量问题，请向出版社发行部调换。
本社购书热线：027—87515778　87515848　87785758　87165708(传真)

湖北省学术著作出版专项资金资助项目
混凝土材料科学与工程技术研究丛书(第1期)

持续荷载与环境作用下混凝土梁中GFRP筋抗拉性能研究

何雄君　代　力　著

武汉理工大学出版社
·武　汉·

前　言

近年来，FRP(Fiber Reinforced Polymer，简称 FRP)筋以其轻质、高强及抗疲劳等优良特性，在土木工程中应用越来越广泛，特别是在路面工程、海洋工程、岩土工程以及桥梁工程中具有广阔的应用前景。FRP 筋作为一种新型复合材料，用其替代钢筋配置于混凝土中，是解决钢筋混凝土结构由于钢筋锈蚀而引起的耐久性问题的有效途径。然而对于 FRP 筋这种新型材料来说，目前最为迫切需要研究的是其耐久性能，因为一种新型材料能否应用于工程，耐久性能是一个重要指标。FRP 筋耐久性能较钢筋优越得多，但并不代表其本身不受环境侵蚀，只是它与钢筋的腐蚀机理不同。

鉴于此，本书结合国家自然科学基金项目——“混凝土梁中 GFRP 筋抗拉强度演化机理研究”(编号：51178361)，对性价比最高且最有可能在土木工程中广泛应用的 GFRP 筋在(实际环境中)不同侵蚀条件下的长期力学性能进行了较为系统和深入的研究。综合起来，本书主要做了以下几个部分的工作：

(1)在查阅大量国内外文献的基础上，对 GFRP 筋在侵蚀环境下的耐久性试验方法、耐久性预测模型、耐久性理论研究等方面的发展研究现状进行了系统的回顾和总结。

(2)GFRP 筋基本力学与耐久性能试验研究。

为了与后期耐久性试验数据进行对比分析，首先对厂商提供的初始 GFRP 筋进行基本力学性能测试，包括抗拉强度、弹性模量以及延伸率，并对试验结果和破坏机理进行了分析。同时将同批次生产的 GFRP 筋放置在碱溶液、盐溶液中进行加速老化试验，以模拟混凝土碱环境和海水环境的作用，主要分析腐蚀环境(盐溶液、碱溶液)、环境温度(20℃、40℃、60℃)、浸泡时间(4d、18d、37d、92d 和 183d)等因素对 GFRP 筋抗拉性能的影响。试验结果表明：GFRP 筋的拉伸破坏为断裂破坏，应力-应变关系基本呈线性变化。对腐蚀后的 GFRP 筋进行拉伸测试，结果其破坏形态和破坏模式与材料性能试验试件的破坏模型类似，没有发生明显改变；在 20℃、40℃和 60℃的碱溶液、盐溶液中浸泡 183d 后，GFRP 筋的抗拉强度出现了不同程度的退化：盐溶液中 GFRP 筋抗拉强度分别下降了 19.3%、26.3%、36.6%；相比盐溶液，GFRP 筋在碱溶液中抗拉强度的退化程度更为明显，分别下降了 22.6%、31.7%、43.8%。溶液类型、环境温度以及侵蚀时间等因素对 GFRP 筋抗拉弹性模量的影响并不显著。通过扫描电子显微镜（SEM）对筋体微观结构进行观测后发现：在浸泡之前，GFRP 筋中纤维和树脂结合较为紧密；浸泡之后，GFRP 筋纤维与树脂之间的界面变得松散，纤维和周围树脂之间出现了脱黏现象，而且随着浸泡时间的增加和环境温度的升高，脱黏现象更加明显。GFRP 筋在碱溶液和盐溶液中的退化机理较为相似，但在相同环境温度、相同浸泡时间等条件下，碱溶液对 GFRP 筋的侵蚀程度要大于盐溶液。

(3)弯曲荷载与环境耦合作用下混凝土 GFRP 筋抗拉性能试验研究。

对处于实际服役混凝土环境下 GFRP 筋抗拉性能的退化规律进行了较为系统的研究，主要分析了浸泡溶液（碱溶液、自来水）、环境温度（20℃、40℃、60℃）、弯曲荷载水平（0、25%）、工作裂缝、侵蚀时间（40d、90d、180d、300d）等因素对 GFRP 筋耐久性能的影响。同时结合扫描电子显微镜（SEM）和差示扫描量热法（DSC）等手段从微观角度对老化试验前后的 GFRP 筋进行观察与分析，在此基础上对混凝土环境中 GFRP 筋抗拉强度的退化机理进行了研究。试验结果表明：混凝土早期硬化阶段对 GFRP 筋抗拉强度的退化有一定程度的影响，但并不会引起 GFRP 筋抗拉强度的大幅退化。在室外自然老化环境中放置 60d、120d、180d、360d 后，混凝土梁试件中 GFRP 筋的抗拉强度分别下降了 3.8%、6.6%、7.4%、8.3%；相比室外自然老化环境而言，室内环境的温度和湿度均处于相对稳定的状态，GFRP 筋抗拉强度的退化出现在试验初期，试验过程中强度保留率始终保持在 93%以上，退化迹象并不显著。在 60℃的自来水环境中浸泡 40d、90d、180d、300d 后，荷载水平为 0 的混凝土包裹环境中 GFRP 筋的抗拉强度分别下降了 13.4%、17.7%、25.6%和 29.3%；与自来水环境相比，碱溶液中

GFRP 筋抗拉强度退化率分别增加了 1.9%、3.9%、2.8%和 3.2%。碱溶液和自来水对混凝土包裹环境中 GFRP 筋的抗拉弹性模量的影响并不明显，部分试件出现弹性模量增大的现象。环境温度的升高加速了混凝土环境中 GFRP 筋抗拉强度的退化速率，且温度越高，加速趋势越明显。持续荷载对混凝土环境中 GFRP 筋抗拉强度的退化程度有一定的影响，且随着温度的升高，持续荷载所造成退化的效果愈加显著；在无持续荷载混凝土环境下，工作裂缝对 GFRP 筋抗拉强度的影响较小，随着持续荷载水平的增加，GFRP 筋抗拉强度退化速率加快，且有工作裂缝混凝土环境比无工作裂缝混凝土环境的退化趋势更加明显。

(4)GFRP 筋加速老化与自然老化相关性研究。

以抗拉强度为表征手段，采用灰色关联分析方法对 GFRP 筋在自然老化环境和加速老化之间的相关性进行定量分析，探讨了 GFRP 筋抗拉强度下降的主要环境因素，并得到了加速老化环境和自然老化环境之间的加速因子。分析结果表明：GFRP 筋自然老化与加速老化之间存在一定的相关性。从平均关联度看，GFRP 筋混凝土梁浸泡在水溶液环境中加速老化与自然老化的关联度较大，均在 0.8 以上，其中以温度为 60℃条件时与自然老化试验的关联度最大，达到了 0.862，可用 GFRP 筋混凝土梁浸泡在水溶液环境中来模拟自然老化试验，说明利用灰色关联分析对加速老化和自然老化的相关性进行定量分析是可行的。

(5)混凝土环境中 GFRP 筋长期抗拉强度理论模型研究。

为了准确预测混凝土环境下 GFRP 筋抗拉性能退化规律，在第 4 章试验数据的基础上，基于 Fick 定律预测模型，通过引入含时间函数的随机变量，充分考虑基本可变量的不确定性，建立了混凝土环境下 GFRP 筋长期抗拉强度半概率可靠性预测模型。通过将试验数据与模型预测值进行对比分析，验证了本书所推导的考虑不确定因素的半概率可靠性预测模型的准确性；为真实混凝土环境下 GFRP 筋的抗拉强度预测及服役寿命预估提供了数据支持和理论依据。

何雄君　代力

2016 年 6 月

目　　录

1 绪　论

1.1 研究背景

1.1.1 钢筋混凝土结构的耐久性问题现状

目前,钢筋锈蚀是导致钢筋混凝土结构耐久性不满足使用要求、未到年限便发生破坏的主要原因,且已成为土木工程界普遍关注的灾害[1]。1991 年,Mehta 教授在第二届混凝土耐久性国际会议上做了题为"混凝土耐久性——五十年进展"的报告,他在报告中将混凝土结构破坏的主要原因按重要性进行了递减排序:居首位的是钢筋锈蚀、其次是冻融循环以及侵蚀环境的物理化学作用。可见,混凝土耐久性受很多因素的影响,且这些因素复杂多样,但其中最主要的因素就是钢筋锈蚀。大量调查结果表明,钢筋锈蚀造成破坏涉及海港结构、水利工程、桥梁工程、公共和民用建筑等自然环境中的钢筋混凝土结构物[2][3],钢筋锈蚀严重地影响了结构功能的正常发挥,从而造成混凝土结构的使用寿命大幅度降低,导致钢筋混凝土结构的各种事故、病害、破坏频繁发生。

目前国内外基础设施普遍面临着耐久性的问题,美国 20 世纪 90 年代混凝土基础设施工程总价值约为 6 万亿美元,每年所需的维修费约为 3000 亿美元;英国英格兰岛的中环线快车道上有 11 座高架桥,全长 21km,总造价 2800 万英镑,因撒除冰盐引起腐蚀破坏,1992 年的修补费用为 4500 万英镑,为造价的 1.6 倍,2004 年的修补费高达 1.2 亿英镑,接近造价的 6 倍;在日本大部分地区,因为混凝土中的细骨料多使用海盐作为原料,使得钢筋锈蚀成为一个严重问题,通过调查冲绳地区的

177 座桥梁和 672 栋房屋后发现，桥面板和混凝土梁的损坏率达到 90% 以上，民用建筑的损坏率也超过 40%；在我国，基础建设投资方面的速度逐年加快，因此所面临的问题将更加严峻。据相关调查报告统计[4]，我国每年因腐蚀造成的损失高达 5000 亿元，占 GDP 的 5%，而到 2010 年，我国因腐蚀造成的经济损失已超过 9000 亿元，其中与钢筋锈蚀有关的比例达到了 40%。我国在役的混凝土桥梁出现钢筋锈蚀、混凝土开裂的现象相对普遍，例如北京西直门桥仅使用 20 余年，就因为护栏钢筋锈蚀、立柱开裂等原因不得不于 1999 年拆除重建；天津滨海的三座混凝土桥使用 8～10 年后，墩柱钢筋就发生了严重锈蚀，柱体保护层大面积剥落；台湾澎湖跨海大桥因预应力套管内水泥浆体的氯离子浓度超标 2～5 倍，导致钢绞线锈蚀严重，大桥出现裂缝及混凝土表面爆开，实际使用了 6 年就需要拆除重建，远没有达到 50 年的设计年限；上海四川路桥建于 20 世纪 20 年代，因为钢筋锈蚀和不均匀沉降等问题引起的耐久性损伤，于 1995 年进行检测加固；重庆綦江彩虹桥在使用不到 10 年就因吊杆锈蚀发生桥梁倒塌等[5]。国外学者曾用“5 倍定律”形象地描述钢筋混凝土结构耐久性设计的重要性，即在设计阶段对钢筋防护节省 1 美元，那么就意味着发现钢筋锈蚀时采取措施将追加维修费 5 美元，混凝土表面顺筋开裂时采取措施将追加维修费 25 美元，严重破坏时采取措施将追加 125 美元[6]。

综上所述，由于钢筋锈蚀所致结构性能退化或提前失效的案例在世界范围内都非常普遍，这不仅造成了国家巨大的经济损失，还间接地威胁着广大群众的生命财产安全，形成了重大的安全隐患。

1.1.2　解决钢筋锈蚀问题常采取的措施

为了防止钢筋的锈蚀，各国根据具体情况采取了相应的措施，主要包括以下三个方面[7]：(1)严格控制混凝土的施工质量或使用高性能混凝土，从各个方面加强混凝土的密实性，控制水灰比，合理采用外加剂，如减水剂、引气剂等，以加强对钢筋的保护；(2)提高钢筋自身的防锈蚀性能，如在混凝土中掺入阻锈剂，采用环氧涂层钢筋或镀锌钢筋，或采用阴极保护法、电化学脱盐法等，以推迟锈蚀始发时间；(3)研制使用新型材料。对于前两种方法,虽然在一定程度上能减缓钢筋的锈蚀,但终究只是权宜之计,在氯化物含量较高的地区钢筋锈蚀依然很严重,不能从根本上解决钢筋锈蚀问题。为了从根源上解决这个问题,达到治标先治本的目的,目前国内外土木工程界广泛采用纤维增强复合材料(Fiber Reinforced Polymer,以下简称 FRP)筋作为钢筋替代品或部分替代品[8]。

1.1.3 FRP 材料耐久性研究的必要性

FRP 筋作为一种新型土木工程材料,以其高强、轻质、生产运输及安装便利等优点,开始在土木与建筑工程中得到应用,并受到工程界的广泛关注[9][10]。凭借较好的耐腐蚀性能,FRP 材料目前一般应用在恶劣环境(除冰盐、近海、酸雨环境等)或特殊重要结构(核磁共振成像、防雷达干扰设施、地磁观测站等)中[11]。但是由于 FRP 材料自身的一些缺点,例如脆性破坏、弹性模量低、成本偏高等,限制了 FRP 材料在工程中的广泛应用。然而对于 FRP 材料来说,目前最为迫切需要研究的是其耐久性能,因为一种新型材料能否应用于工程,耐久性能是一个重要指标。FRP 材料耐久性较钢筋优越得多,但并不代表其本身不受环境侵蚀,只是它与钢筋的腐蚀机理不同。

随着研究的不断深入,研究人员发现很多环境作用(如潮湿、酸、碱、盐溶液,紫外线等)对 FRP 材料的不利影响是不可忽视的。因此,随着 FRP 材料在土木工程结构中的应用越来越广泛,有必要对 FRP 材料的耐久性进行研究[12][13]。鉴于此,本书对性价比最高、最有可能在土木工程中广泛应用的 GFRP(Glass Fiber Reinforced Polymer,以下简称 GFRP)筋在不同环境条件下的耐久性能进行了深入和系统的研究。

1.2 FRP 筋简介

FRP 材料最早是由美国军方开始研发,且主要用于航空航天领域[14]。民用建筑中使用 FRP 材料较晚,直到 20 世纪 60 年代末才开始,目前国外已有不少实际工程案例。国内关于 FRP 筋的研究始于 20 世纪 80 年代,由于应用时间较短,目前还缺乏 GFRP 筋混凝土实际应用性能的长期有效数据的研究。

1.2.1 FRP 筋组成及分类

FRP 筋是由纤维材料和基体材料按照一定比例混合并经过一定工艺复合而成的高性能新型材料,其中纤维作为增强材料起加劲作用,基体起黏结、传递力的作用。根据复合材料中增强材料的形状,可以分为颗粒复合材料、层复合材料和纤维增强复合材料。目前工程结构中常用的纤维种类主要有玻璃纤维(Glass fiber)、碳纤维(Carbon fiber)、芳纶纤维(Aramid fiber)和混杂纤维(Hybrid fiber),基体材料主要有聚酯、环氧树脂、乙烯基酯、聚酯树脂等[15],其中碳纤维的力学、物理性能均优于其他纤维,因此被称为“新材料之王”。目前国际上优质的碳纤维生产厂家主要集中在日本和美国等发达国家,国际碳纤维市场长期被东丽、三菱和东邦等日本企业占据。近几年,我国碳纤维原丝生产发展迅猛,制作工艺和生产技术也逐渐成熟,但是高性能产品与国际先进水平相比还存在一定的差距,产量不到世界碳纤维总产量的 1%,大量碳纤维产品仍依赖进口,再加上近年来国际组织对华实施严格的禁运,导致国内价格居高不下,难以进行推广应用,价格问题成为碳纤维作为 FRP 增强材料在土木工程中广泛应用的主要障碍。芳纶纤维耐腐蚀性能不如碳纤维,对紫外线敏感,并且容易发生徐变断裂,应力松弛较大,也不适合做应用推广。玻璃纤维在力学性能上虽然比不上碳纤维,但是因其价格便宜,是目前国内应用最为广泛的纤维种类。这也是本书选择试验材料的参考因素。

根据连续纤维种类的不同,现在常用的 FRP 筋主要有玻璃纤维增强塑料筋(GFRP 筋)、碳纤维增强塑料筋(CFRP 筋)、芳纶纤维增强塑料筋(AFRP 筋)、玄武岩纤维增强塑料筋(BFRP 筋)和混杂纤维增强塑料筋(HFRP 筋)[16],如图 1.1 所示。

根据加工方法的不同,FRP 筋还可以分为以下几种[15]:①将若干股 FRP 筋用环氧树脂黏结制作成预应力 FRP 筋;②为增加 FRP 筋与

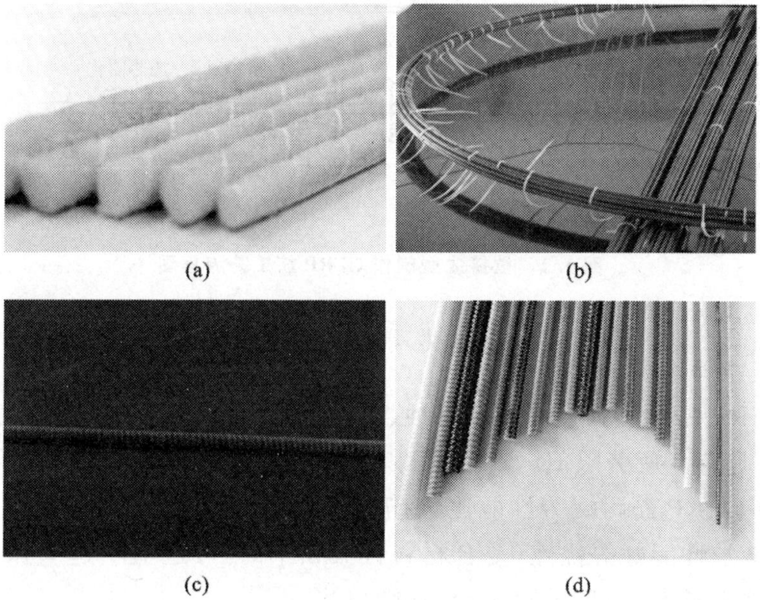

图 1.1 不同种类 FRP 筋

(a)玻璃纤维增强塑料筋(GFRP);(b)玄武岩纤维增强塑料筋(BFRP);
(c)碳纤维增强塑料筋(CFRP);(d)芳纶纤维增强塑料筋(AFRP)

混凝土的黏结性能,在其表面做出螺纹的螺纹 FRP 筋;③截面形式为矩形,对其表面进行滚花处理的矩形 FRP 筋;④为增强 FRP 筋与混凝土的黏结强度,对其表面进行黏砂处理的黏砂 FRP 筋。

1.2.2 FRP 筋制作工艺

FRP 筋的生产工艺类型主要包括编织型、绳索型、拉挤型等[18]。编织型 FRP 筋是利用编织机将纤维束浸胶后编织成辫子状经固化而成;绳索型 FRP 筋是将纤维束浸胶,而后经制绳工艺制成绳索状固化而成;拉挤型 FRP 筋是将纤维束浸胶后经热成型膜在一定张力下挤压成型。目前大部分公司和企业都是通过拉挤成型工艺来生产 FRP 筋,拉挤成型工艺流程一般是从纤维束开始,然后经过浸润、压膜、固化、切割等步骤,最后得到成品[19]。采用拉挤成型工艺的流程如图 1.2所示。

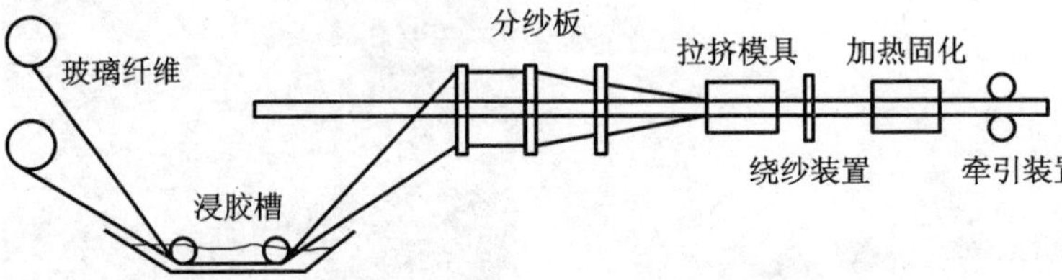

图 1.2 拉挤成型制作 GFRP 筋工艺流程图

1.2.3 FRP 筋基本力学特征

FRP 筋抗拉强度高、耐腐蚀、非磁性、重量轻（约为钢筋密度的 1/4），具有高疲劳限值（CFRP 筋和 AFRP 筋的耐疲劳性能是钢筋的 3 倍，而 GFRP 筋耐疲劳性能比钢筋差）、低导热性、低导电性（玻璃、芳纶）、减震性能好等优点（复合材料自振频率高，可避免引起共振，同时内部摩擦较大，一旦激起振动，衰减也快）[16][17]。

1.2.3.1 物理特性

(1)密度

FRP 筋的密度是由其组成成分的密度以及所占体积分数所共同决定的，如式(1-1)所示：

$$\rho_c = \rho_f V_f + \rho_m V_m \tag{1-1}$$

式中：ρ_c ——FRP 筋的密度；

ρ_f ——玻璃纤维的密度；

ρ_m ——基体材料的密度；

V_f ——玻璃纤维的体积分数；

V_m ——基体材料的体积分数。

根据式(1-1)可以计算出 FRP 筋在玻璃纤维所占体积分数不同情况下的密度。几种典型 FRP 筋的密度如表 1.1 所示，其中纤维所占体积分数为 50%～70%。由表 1.1 可知，FRP 筋的密度为钢筋的 1/6～1/4，使得其运输成本降低，在施工现场的加工安装时间减少，施工便利。

表 1.1 几种典型 FRP 筋密度

FRP 筋		钢筋
基体材料	密度(g/cm^3)	密度(g/cm^3)
聚酯树脂	1.75～2.17	7.9
环氧树脂	1.76～2.18	
乙烯基脂	1.73～2.15	

(2)热膨胀系数

FRP 筋混凝土是一种复合材料,那么 FRP 筋和混凝土之间就需要有良好的物理兼容性,可以用热膨胀系数这个指标来进行衡量。

FRP 筋的热膨胀系数取决于基体材料和纤维的种类以及所占体积分数。对 GFRP 筋来说,玻璃纤维的性质决定了纵向热膨胀系数,而树脂基体材料的特性则决定了横向热膨胀系数。表 1.2 给出了玻璃纤维所占体积分数为 50%～70%时 GFRP 筋横向、纵向热膨胀系数以及钢筋、混凝土的热膨胀系数。

表 1.2 GFRP 筋、钢筋和混凝土的热膨胀系数

方向	热膨胀系数(10^{-6}/℃)		
	GFRP 筋	钢筋	混凝土
纵向	6.0～10.0	11.7	7～13
横向	21.0～23.0	11.7	7～13

从表 1.2 中可以看出,钢筋和混凝土的热膨胀系数在纵向、横向基本一致,而且非常接近。然而,与钢筋不同的是,GFRP 筋的热膨胀系数只是纵向与混凝土非常接近,横向热膨胀系数大约是混凝土的两倍。这说明在与混凝土黏结性能方面 GFRP 筋略逊于钢筋。

(3)热稳定性

FRP 筋由纤维和聚合物基体组成,当温度超过玻璃转化温度 T_g(Glass transition temperature)时,由于聚合物分子结构发生变化,聚合物软化,导致纤维与树脂之间黏结性能降低。

李趁趁等[20]通过拉伸试验研究了高温后 FRP 筋的纵向拉伸性

能，试验结果表明：随着温度的升高，FRP 筋的抗拉强度和极限拉应变逐渐下降。当温度为 350℃时，BFRP 筋和 GFRP 筋的抗拉强度均急剧下降，分别为室温时抗拉强度的 11.5％和 23.3％。周长东等[21]、吕西林等[22]考虑温度和受火时间的影响，对火灾高温中和火灾高温后玻璃纤维筋的抗拉强度和弹性模量进行了试验研究，试验结果证明：玻璃纤维筋的力学性质表现出明显的阶段性。受到火灾高温的影响，玻璃纤维筋的强度和弹性模量均会下降，当温度超过 190℃，其力学性能将不再恢复。这主要是由于高温导致 FRP 筋表层的黏结树脂氧化分解，即使温度恢复至室温，树脂的黏结性能也无法恢复，造成纤维与树脂协同受力效果变差，最终导致筋体抗拉强度的降低。目前随着耐高温树脂材料的不断出现，FRP 筋耐高温的情况会大大改善。

(4)电磁绝缘性

FRP 筋具有良好的电磁绝缘性。对于一些有特殊要求的建筑，例如雷达站和国防建筑混凝土结构中，钢筋混凝土结构的存在会对整个结构的电磁场产生不利影响，而 FRP 筋是非磁性材料，用 FRP 筋混凝土结构可满足此特殊需求。

1.2.3.2 基本力学性能

FRP 筋是一种各向异性材料，与纤维主要受力方向平行的方向(轴向)是 FRP 筋的主要方向。影响 FRP 筋力学性能的主要因素有纤维体积率、尺寸效应、制造过程等。FRP 筋的基本力学性能指标主要包括抗拉强度、抗压强度及黏结强度。

作为混凝土结构的加强筋，抗拉强度和刚度是两个主要的指标。在 GFRP 筋中，玻璃纤维具有很高的抗拉强度和刚度，所以作为主要的承受和传递荷载的部分。纤维所占体积分数直接影响到 GFRP 筋的抗拉强度。同样，制作工艺和制造质量也影响着 GFRP 筋的抗拉强度。表 1.3 给出了商业用 GFRP 筋与钢筋的抗拉强度特征。

可以看出，GFRP 筋比钢筋有更高的抗拉强度，但是抗拉弹性模量比钢筋要低。GFRP 筋和钢筋的应力-应变关系如图 1.3 所示。

表 1.3 GFRP 筋与钢筋抗拉强度特征

名称	GFRP 筋	钢筋
纤维体积分数(%)	50～70	—
纵向抗拉强度(MPa)	483～1600	483～690
纵向抗拉弹性模量(GPa)	35～51	200
劈裂应变(%)	1.2～3.7	6.0～12.0

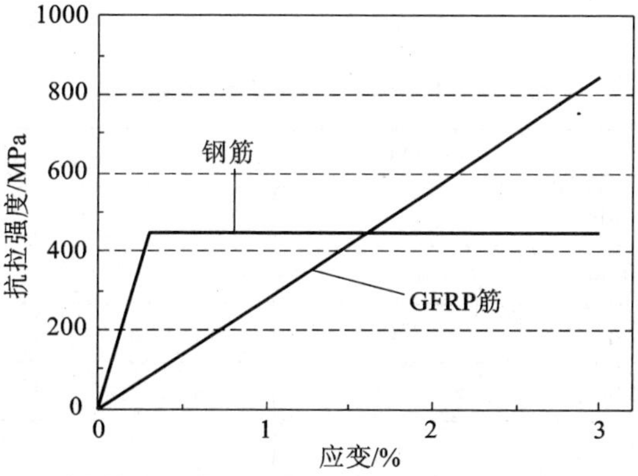

图 1.3 GFRP 筋与钢筋应力-应变关系

(1)抗拉强度

在 FRP 筋中,纤维承受荷载并提供材料的刚度,树脂主要起到传递荷载和保护纤维的作用。图 1.4 给出了纤维、树脂以及 FRP 筋的应力-应变关系曲线。

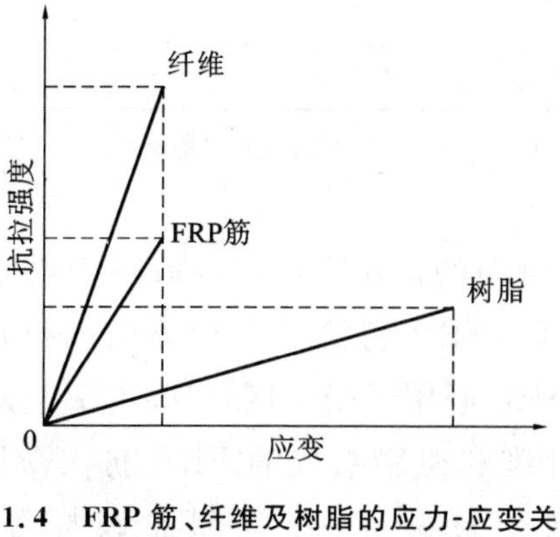

图 1.4 FRP 筋、纤维及树脂的应力-应变关系

从前面的描述可知，FRP 筋的轴向拉伸力学性能表现为线弹性的应力-应变关系，这主要是因为组成 FRP 筋的纤维为线弹性材料。FRP 筋的纵向抗拉强度主要取决于纤维的抗拉强度，单根纤维的抗拉强度很高，大多在 1500～3500MPa，但制成筋材后，FRP 筋的抗拉强度有所降低，在 800～2800MPa 之间，与钢绞线强度相当。此外，FRP 和纤维的极限拉应变均小于树脂的极限拉应变，这样可以避免纤维断裂之前树脂发生破坏。表 1.4 给出了几种不同纤维 FRP 筋的主要力学性能指标。

表 1.4　FRP 筋的主要力学性能指标

纤维种类		抗拉强度(MPa)	弹性模量(GPa)	极限拉应变(%)
GFRP	E-Glass	1200	70	4.5
	S-Glass	2300	86	5.7
CFRP	标准型	3500	235	1.5
	高强型	5600	300	1.7
	高模型	4000	485	0.8
	极高模型	2000	830	0.3
AFRP	Kelvar 49	3600	125	2.5
	Kelvar 149	2900	165	1.3
	HM-50	3100	77	4.2
BFRP		3400	84	3.2
钢筋	HRB400	420	206	18
	高强钢绞线	1860	200	3.5

注：表中数值为市场上几种主要产品参数，并不代表所有产品。

(2)抗压强度

FRP 筋纵向和侧向的抗压强度主要取决于树脂基体的强度，由于树脂基体的强度较低，FRP 筋的纵向和侧向的抗压强度都较低。因此，应尽量避免将 FRP 筋用于受压区。Mallick[23]对 FRP 筋的抗压特性研究表明：不同纤维和树脂组成的 FRP 筋在受压时可能发生三种破坏模式——横向受拉破坏、纤维翘曲破坏和剪切破坏。对于

GFRP、CFRP、AFRP 筋，其抗压强度分别是其抗拉强度的 55%、78%、22%，受压时的弹性模量分别为受拉时弹性模量的 80%、85%、100%[23]，造成这种现象的原因主要是由于 FRP 筋在受压过程中端部会提前破坏，同时内部纤维出现屈曲所致。由于 FRP 筋的弹性模量降低，因此不宜作为受拉构件或受弯构件的抗压配筋。一般来说，FRP 筋的抗拉强度越高，其抗压强度也越高[24]。

(3)黏结强度

无论是将 FRP 筋作为钢筋的替代品还是作为加固补强的材料，FRP 筋与混凝土之间的黏结无疑是一个非常重要的方面，黏结强度直接影响到结构的承载能力和使用寿命。影响黏结性能的主要因素有 FRP 筋形式、材料性能、几何尺寸及 FRP 筋表面形式等。FRP 筋与混凝土的黏结力主要由三部分组成[15]：①FRP 筋与混凝土的表面黏结力(即化学胶着力)，通常 FRP 筋与混凝土之间的化学胶着力是很小的，化学胶着力主要取决于 FRP 筋表面的光滑程度；②FRP 筋与混凝土接触面的摩擦力；③FRP 筋表面不平整所产生的机械咬合力，为了增强机械咬合力，通常将 FRP 筋表面纤维缠绕成螺纹形状。

(4)剪切强度

相比抗拉强度，FRP 筋的剪切强度显得较低，通常仅为其抗拉强度的 10%～20%，因此，在将 FRP 筋用于混凝土结构中以及进行拉伸试验时，需要对锚固段进行特殊处理，以避免剪切破坏。

1.2.3.3 长期力学特征

(1)蠕变破坏

在持续不变的荷载作用下，FRP 筋出现突然破坏的现象称为 FRP 筋的蠕变破坏。相对来说，除了在高温环境，例如火灾作用下，钢筋一般不会出现蠕变破坏的现象。持续荷载越大，FRP 筋能承受荷载的时间越短，其持续时间在高温、强碱、干湿循环或冻融循环等不利环境下也会有所减少。碳纤维最不易发生蠕变破坏，芳纶纤维次之，玻璃纤维最易。纤维有极好的耐蠕变特点，但大多数树脂则没有。因此，纤维的含量和方向对 FRP 筋的蠕变性能有很大影响。直径为

6mm 的光圆 GFRP 筋、AFRP 筋和 CFRP 筋在不同荷载水平室温下的蠕变破坏试验表明：蠕变破坏强度与时间在 100h 之内是线性关系。GFRP 筋、AFRP 筋和 CFRP 筋蠕变破坏强度与初始强度比在 50000h 时分别是0.29、0.47 和 0.93。蠕变试验表明，应力控制在 60%内不会产生蠕变破坏。对于大多数混凝土结构，FRP 筋的应力在 60%以内，当 FRP 筋用于预应力时应该不考虑其蠕变性能。一般认为，CFRP 筋最宜用作预应力筋，GFRP 筋不易用作预应力筋。

(2)应力松弛

应力松弛是指材料在保持长度不变时应力随时间增长而降低的现象。目前生产厂家所测试的松弛和徐变记录仪局限在 100h 范围内。在松弛试验中，若试件伸长量保持恒定，则可以测出荷载随时间递减，是时间的函数，从一定时间的常温松弛试验结果可以推断出 100h 后的松弛应变。AFRP 筋在空气中和碱溶液中的松弛应变分别为 15%和 20%～25%。在生产商提供的产品性能表中，CFRP 筋在 100h 后的应力松弛损伤约为 3%，同钢筋相差不大。试验表明，CFRP 筋的长期应力松弛很小，在一般设计中可忽略不计，但对重要工程，应力松弛损伤可采用 3%。

(3)抗疲劳性能

FRP 筋具有良好的抗疲劳性能，在这方面的研究大多数集中在高性能纤维上，例如芳纶纤维和石墨纤维，因为其在航空领域的应用中受到拉-拉荷载重复作用。在荷载重复作用下的测试结果表明：在低应力比下，石墨纤维-环氧树脂筋的疲劳强度比钢筋高，而 GFRP 筋的疲劳强度则比钢筋低[25]。

Schwarz 对不同种类的 FRP 筋进行疲劳试验，试件加载 1000 万次，试验结果表明：CFRP 筋的抗疲劳性能比钢筋好，GFRP 筋的疲劳强度比钢筋更高[25]。Gorty 对 CFRP 筋进行疲劳测试，应力幅度为 0.55～0.64 极限应力，试验疲劳加载 200 万次后 CFRP 筋的弹性模量没有变化。试验得出结论：CFRP 筋具有良好的抗疲劳性能。FRP 筋的疲劳强度主要取决于纤维的种类、筋的表面形状和加载频率等因素。

Saadatmanesh 等[113]曾在 1999 年对 CFRP 筋的抗疲劳性能进行了试验研究，得出以下结论：①试件中两类 FRP 筋(AFRP 筋和 CFRP 筋)均具有良好的抗疲劳性能；②FRP 筋的疲劳强度与纤维类型有直接关系，通常 CFRP 筋的疲劳强度大于 AFRP 筋的疲劳强度；③疲劳强度是应力幅、平均应力和加载次数的函数，随着应力幅或最小应力的增加，疲劳强度降低；④在承受 100 万次荷载循环以后，FRP 筋的弹性模量和泊松比均有增加，增幅可达 10%左右，这表明：随着荷载循环次数的增加，材料发生了硬化并且脆性增强。

1.3 FRP 筋在工程中应用实例

FRP 筋在欧美、日本等国家已经广泛运用于实际工程当中。相比国外而言，国内对 FRP 筋的研究和应用起步较晚，但进展很快。目前国内已出现大量集 FRP 筋材、FRP 锚杆技术研发、生成、销售、服务于一体的高新技术企业，并与相关科研院所合作编制了相关的规范和规程，在城市道路、桥梁、轨道交通和沿海工程等混凝土结构中都有应用。例如 2001 年 8 月，河北昌黎开始修建一座地磁相对记录室，这也是我国首座无金属建筑物[27]，其骨架材料全部采用碳纤维复合筋。该建筑实体全部位于地下，由于地磁检测设备要求建筑物绝对无磁，通往地下建筑的木质楼梯没有采用一枚铁钉，全部使用榫卯结构，如图 1.5 所示。

图 1.5 河北昌黎地磁记录室

地磁室完工后将用于记录地球地磁场的变化，并有可能捕捉到地震前的有效信息。以前此类建筑国内全部采用铜筋建筑，造价较为昂贵，此次采用新型碳纤维材料，节省了大量投资[27]。中船重工某无磁实验室采用 FRP 筋混凝土建成，较之采用铜条或无磁钢的传统设计，FRP 配筋结构大大降低了成本，而且强度高、建筑体重量轻、可靠性大大提高、设计寿命亦大有提高[15]。图 1.6 为 FRP 筋在实际工程中的应用实例。

(a) (b) (c) (d) (e) (f)

图 1.6 FRP 筋在土木工程中的应用

(a)桥面板配筋；(b)高速公路路面配筋；(c)沿海工程堤坝；
(d)边坡支护(FRP 锚杆)；(e)地下连续墙；(f)隧道墙面(FRP 锚杆)

除了常规混凝土结构外，FRP 筋在一些有着非磁性和非导电等特殊要求的建筑或结构中也发挥着巨大作用。例如在核磁共振成像上，

FRP筋已经成为医疗保健单位磁共振成像设备的指定材料；在军事上，FRP筋可以用作机场和军用设施防雷达干扰装置的理想材料，还可以用于敏感军用设备测试设施的混凝土墙内以防电磁干扰；除此之外，FRP筋还可用于地磁观测站、核聚变建筑物、机场指挥塔等[28]。如果这些特殊结构中使用普通钢筋，就要求有更加复杂的设计以保证每根钢筋都和周围的钢材绝缘，这是很难实现的。表1.5列出了近年来国内外部分具有代表性的FRP筋应用实例[29][30]。

表1.5 FRP筋工程应用实例

项目	构件形式	工程简介	所在国家	竣工时间
爱知县飞翔桥	主梁	全长111m，主跨75m，宽3.6m	日本	1992年
东京北高尔夫正门	建筑大厦主梁	后张法，跨长16m	日本	1989年
贝特拉伊鲁桥	主梁	后张法，简支22.8m、跨长19.2m.	加拿大	1993年
奥斯特拉大桥	主梁	后张法，4跨连续长81.65m，宽11.2m	德国	1991年
大岛地磁观测站	圈梁、盖板、侧墙	非磁性建筑物	日本	1992年
Shin miya桥	主梁	跨长5.7m	日本	1998年
Ludwig shaven桥	主梁	跨长85m	德国	1991年
Rapid city桥	主梁	跨长9m，宽5.2m	美国	1992年
Headinglye桥	主梁	跨长85m	加拿大	1996年
天津静海地磁站	全结构	非磁性建筑物，建筑面积120m²	中国	2001年
河北昌黎地磁站	圈梁、盖板、墙柱	非磁性建筑物，建筑面积130m²	中国	2002年
苏州黄湖桥	主梁	9跨，跨长15[illegible]	中国	[illegible]
江苏灌南出运码头	—	—	中国	2008年

1.4　国内外研究动态与应用现状

1.4.1　国外研究动态与应用现状

1.4.1.1　美国

最早将 FRP 筋用于混凝土结构中的是美国人 Jackson，并且于 1941 年申请了 GFRP 筋增强混凝土结构的专利[25]。20 世纪 70、80 年代，美国便已将 FRP 筋成功地应用到发电厂、医疗设备工程、防波堤和一些地下结构中。为了进一步推动 FRP 筋在土木工程各个领域中的广泛运用，特别是混凝土结构、桥梁工程等领域的应用，美国交通部于 1988 年确立了针对 FRP 筋在桥梁工程中应用的研究项目。与此同时，美国混凝土协会也于 1991 年成立了 ACI 440 委员会，专门负责开展 FRP 筋混凝土结构的设计研究工作，并于 1996 年发布了一份综述报告，该报告较为详细地论证了 FRP 筋的研究与应用背景、试验方法、设计准则、构件性能、实际应用以及研究方向等。2001 年，ACI 440 委员会在上述综述报告的基础上又提出了 FRP 筋混凝土结构的设计和施工准则(ACI 440.1R－06)[32]。

2002 年美国贝福特安装了 94ft(1ft＝0.3048m)FRP 桥面板，该桥面板用拉挤成型的 FRP 桥面板更换了原有的沥青覆面木质桥面板。FRP 桥面板对撒在桥上的防冻盐的耐腐蚀性极好，从而可延长其使用寿命，降低维修成本。相关文献表明，若非特别恶劣环境，只要设计制作得当，FRP 桥梁 40 年内无须特殊养护。

2003 年秋，美国缅因州建造了一座跨径为 21.3m 的组合桥梁——Fairfield bridge，桥梁下部采用 FRP 型材，上部浇筑混凝土，交界面处设置间距为 1562mm 的抗剪键。桥截面尺寸与桥全景如图 1.7 所示。2004 年 8 月，为了维修加固世界第七大活动桥——Broadway 桥，工程师们采用 DuraSpan® FRP 桥面板替代了原来的钢桥面板，纵向钢梁和 GFRP 桥面板间采用抗剪键和黏结剂粘接[31]。

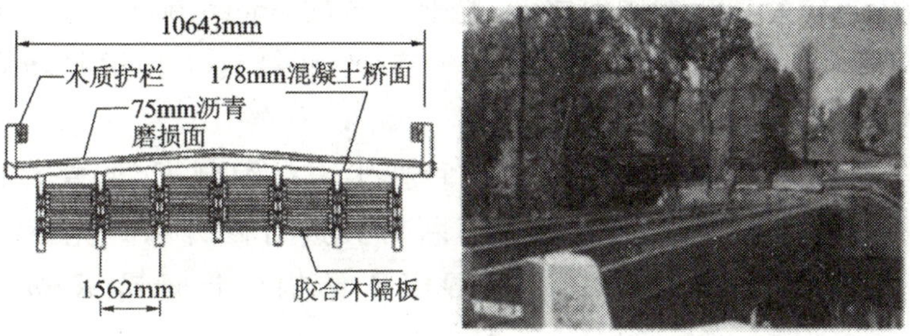

图 1.7 美国 Fairfield 桥

(a)Fairfield 桥截面几何尺寸;(b)Fairfield 桥全景

在 FRP 筋耐久性研究方面,美国取得了丰硕成果,研究因素较为全面,实际环境中可能出现对 FRP 筋的耐久性能有影响的因素基本都包含其中,例如水和潮湿环境、温度、碱盐环境、紫外线照射等。ACI 440 委员会于 2004 年颁布了 FRP 筋加速老化试验规范[33],规范中明确了碱环境下 FRP 筋耐久性的测试方法,规定可采用 $Ca(OH)_2$、KOH、NaOH 的混合溶液来模拟真实混凝土环境,pH 值在 12.6～13.0 之间。侵蚀时间一般为 6 个月,侵蚀后测量试件的抗拉强度、弹性模量和重量变化率等参数来表征模拟混凝土环境对 FRP 耐久性的影响。

1.4.1.2 加拿大

加拿大于 1995 年由十几所大学联合成立了"新型结构智能检测(ISIS CANADA)"计划,该计划旨在对 FRP 材料在混凝土结构中应用光纤传感器对结构健康进行监控,并开发出结构一体化的纤维光学监测技术[34]。1997 年 Manitoba 省交通部在 Hengdlingley 的 Assiniboine 河上建造了 Taylor 桥,桥中采用了 CFRP 筋作为箍筋,FRP 筋作为预应力筋,并将光纤传感器粘贴在 FRP 筋和钢筋上,远程监控桥梁[35]。

从 2005 年开始,加拿大 Benmorkrane 教授领导的科研团队对 FRP 筋在混凝土结构中的应用进行了较为系统的研究,重点研究

FRP 筋的物理特性、力学性能以及结构特性等[36]。加拿大目前是应用 FRP 筋最为广泛的国家之一，魁北克省的 Sherbrook 已于 1998 年、2002 年及 2007 年分别召开了第一、二、三届结构工程塑料增强纤维(FRP)复合材料耐久性的会议。

在规范编制方面，加拿大的工程技术人员编制了《加拿大高速公路桥梁设计规范》(CHBDC)，并不断对其进行修订和补充。2001 年 10 月，加拿大推出了 FRP 增强混凝土结构设计规范 *Reinforcing Concrete Structures with Fiber Reinforced Polymers*。

1.4.1.3　欧洲

1978 年，德国 Strabat-Bou 公司和德国 Bayer 公司合作生产了新型的 GFRP 筋，并将其用于桥梁工程中，其中在杜塞尔多夫修建了世界上第一座 GFRP 筋预应力混凝土梁桥，并配置光纤传感器进行实时监控[37]。

在法国巴黎的一个地铁站中，由于邻近建筑物的施工导致地铁站一侧出现长达 110m 的通长裂缝，已经严重影响正常使用[38]。经过专家组的论证后一致决定，采用 GFRP 材料进行加固修复，在地铁站拱形圆顶使用了 36 根 GFRP 预应力束，每根预应力束的工作荷载为 650kN，加固修复取得了较好的效果。

针对 FRP 型材的应用研究，英国是较早开展研究和应用的国家。1992 年，位于英国的 Aberfeldy 建成了世界上第一座全 FRP 结构的斜拉桥，桥长 113.0m，主跨 63.0m，宽 2.2m，为双塔双索面斜拉体系、A 型桥塔，如图 1.8 所示。桥塔、梁、桥面板和扶手均采用箱形截面 GFRP 拉挤型材(抗拉强度 300MPa，弹性模量 22GPa)，斜拉索采用 AFRP 筋(抗拉强度 1900MPa，弹性模量 127GPa)，外裹聚乙烯保护，部分连接为金属连接。该桥总造价仅为传统钢筋混凝土桥梁造价的一半，并且在相对长的一段时间内无须进行专门的养护和维修，这个案例的成功对推动 FRP 材料在桥梁工程中的研究和应用产生了积极的影响[39]。

1994 年，英国用 GFRP 拉挤型材组合成了一座可活动桥——

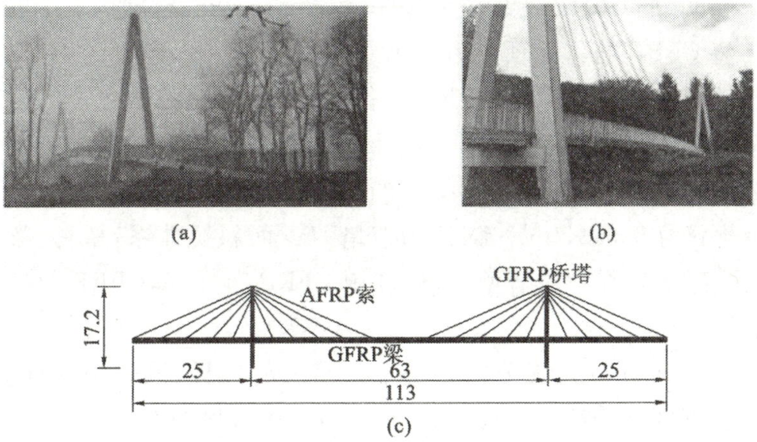

图 1.8 苏格兰 Aberfeldy 斜拉桥（单位：m）

Bond Mill 桥，该桥全长 8.2m，宽 4.3m，由 6 根 FRP 箱形梁组成，梁高 0.85m，可以承载 40t 的卡车通过。同时还能满足通航要求，当有船只通过时，活动桥以一边为轴，另一边缓慢升起[39]。

1997 年，瑞士 Ponstresina 的风景区内建成了一座跨河全 GFRP 的人行天桥。结构形式为双跨连续桁架，跨度 12.5m，宽 1.5m，设计活荷载为 5.0kN/m^2，采用 GFRP 拉挤型材黏结而成。因为重量小，安装拆卸均很方便，在人多时安装使用，淡季收起来，不仅方便快捷，还创造了良好的经济效益[40]。

1997 年，丹麦一座长 40m(27m+13m)、宽 3.2m 的独塔双索面斜拉人行天桥建成，桥塔和桥面板采用 GFRP 拉挤型材组成。该桥跨越了一条铁路，为了最大限度减小对铁路交通的干扰，整座桥的零部件在工厂进行预制加工，然后运输到现场进行装配，整个拼装过程仅花费 18 个小时，充分显示出 FRP 结构轻质高强且便于施工的优势[40]。

1.4.1.4 日本

虽然美国、欧洲等发达国家和地区对 FRP 材料进行了大量的研究，但日本却是第一个将 FRP 筋作为预应力筋并且成功运用在混凝土桥梁中的国家。1988 年至 1992 年的四年期间，日本国内修建了一系列 FRP 筋预应力混凝土桥梁，例如石川县圣那米亚桥(Shinmia)，该桥采用ϕ2.5mm 的 CFRP 绞线作为先张筋，桥宽 7.0m，跨度为 5.76m；并于 1989 年将 CFRP 筋作为预应力筋第一次用于一座 2 跨简支梁混凝土公路桥中；又在 1990 年采用 AFRP 筋作为预应力筋，修建了长 54.5m 的人行天桥[41]。在 PWRI(Public Works Research Insitute)的支持下，日本于 1990 年建成了一座全 FRP 结构的试验桥，该桥主跨 11.0m，宽 2.0m，设计活荷载为 3.5kN/m^2。该桥为双塔双索面斜拉体系，桥柱、梁、桥面板和扶手都是 GFRP 拉挤型材，局部用 CFRP 布加强，CFRP 斜拉索，混凝土基础[39]。

日本 Smitomo 化工公司兴建了一座海港码头，该码头的预应力混凝土面板宽度为 13.8m，长度为 61.0m。在宽度方向上由 17 根简支空心梁组成，在长度方向上分为 5 跨，其中 Ⅰ 跨采用了 AFRP 筋作为预应力束，另外 4 跨采用了高强钢绞线作为预应力束。码头完工后进行了 3500kN 的起重机和 350kN 的挖土机的荷载试验，经过实测分析，完全满足使用要求[42]。

此外，日本于 1990 年兴建了一座后张法预应力混凝土悬索桥。该桥悬索长 54.5m，净垮 46.5m，宽 2.1m。在建造过程中使用了 CFRP 预应力束作为桥墩地锚，同时沿跨度方向使用 16 根 AFRP 预应力束施加预应力，其中 8 根采用先张法施加预应力，其余 8 根采用后张法施加预应力。该桥服役至今还未出现任何问题。

1988 年，由 39 家科研院所、高校、材料制造商以及相关企业联合组成了 CFCC 株式会社，该会社完成了日本混凝土协会(JCI)以及日本土木工程协会(JSCE)的大量有关 FRP 筋项目研究工作，研究项目包括：FRP 材料及其构件长期性能研究、预应力 FRP 筋混凝土梁承载能力性能研究等。该会社于 1993 年编制了世界上首部关于 FRP 材料的混凝土结构设计规范，并于 1997 年发行了英文版本，日本土木工程协会也颁布了《连续纤维筋增强混凝土结构设计规范》[42]。目前日本已建成的 FRP 筋混凝土结构达 800 余项，工程质量与技术指标均居于世界前列[43]。

1.4.2 国内研究动态与应用现状

相对而言，国内关于 FRP 筋在侵蚀环境下耐久性的研究工作起步较晚。直到最近十几年，由相关科研机构和高校领头对 FRP 筋进行了广泛的研究，目前也已经取得了一些科研成果。

大连理工大学任慧韬教授课题组[44][45][46][47]通过对快速冻融、浸水试验、湿热暴露、碱性环境侵蚀等各类人工加速老化进行试验，对 FRP 材料的耐久性能以及腐蚀环境条件下 FRP 筋与混凝土黏结强度均进行了较为深入的研究。

郑州大学高丹盈教授[48][49][50]与加拿大的 Benmokrane 教授合作，对 FRP 筋混凝土结构进行了研究。

哈尔滨工业大学欧进萍教授课题组[8][70][82]对自行研制并生产的 FRP 筋在不同侵蚀介质中的耐久性能进行了试验研究。

国家工业建筑诊断与改造工程技术研究中心岳清瑞教授与中冶集团建筑研究院杨勇新教授[12][51]开展了不同环境下 FRP 片材的加速老化试验和自然老化试验，对 FRP 片材在不同环境条件下的力学性能变化规律进行了研究。

除此之外，同济大学薛伟辰教授团队[52][53][54][55][56][57][58]、东南大学吴刚教授团队[59][60][61]、西安建筑科技大学牛荻涛教授团队[62][63]、哈尔滨工业大学咸贵军教授团队[64][65][66][67][68][69][70]及国家工业建筑诊断与改造工程技术研究中心[71][72][73][74]等均开展了系统深入的研究，目前已经取得了初步研究成果。

在工程应用方面，第一座斜拉 FRP 箱梁人行天桥于 1986 年在重庆建成，该桥为单塔单索面斜拉体系，全长 50.0m，主跨 27.4m，宽 4.4m，设计荷载 $3.5kN/m^2$，自重 8.9t（约为钢桥重量的 30%，钢筋混凝土桥重量的 13%），采用 GFRP 蜂窝夹层板组合箱梁，拉索采用高强钢丝束，其余为混凝土结构，总造价 25 万元，成本只占到普通钢桥[illegible]体系的人行天桥在成都、重庆等地建成[76]，如图 1.9 所示为其中的 2 座。

2004 年，同济大学负责设计并建成了我国首个采用国产 FRP 筋

(a)　　(b)

图 1.9　悬吊 FRP 梁人行天桥

(a)观音天桥；(b)陈家沟天桥

的混凝土结构工程——南京玻纤污水处理工程，并将 FRP 筋成功应用于 2010 年上海世博会园区管沟工程建设中[77]。

2005 年，东南大学吕志涛院士课题组设计并建成了中国第一座高性能的 CFRP 斜拉索人行天桥[78]。该桥坐落在江苏大学西山校区，桥宽6.8m，总长 51.5m，跨径为 30m+18.4m，如图 1.10 所示。该桥为混凝土独塔双索面斜拉桥，采用塔梁墩固结体系，索塔两边各布置 4 对斜拉索，拉索采用直径为 8mm 的 CFRP 索，锚具采用套筒黏结式锚具。

图 1.10　江苏大学 CFRP 斜拉索人行天桥

针对 FRP 片材的研究在我国始于 20 世纪 90 年代。1997 年，国家工业建筑诊断与改造工程技术研究中心在国内较早开始研发 CFRP 布加固混凝土结构技术[72]。国内外其他科研单位也相继开展了 FRP 片材加固混凝土结构的研究工作。2000 年，中国土木工程学会成立了纤维增强复合材料(FRP)及工程应用专业委员会，旨在促进我国纤维增强复合材料(FRP)在土木工程中应用的相关研发工作及技术推广，提高我国在该领域的科学研究和工程应用水平，以及相关技术标准编制和宣传等工作；并于 2006 年 6 月在北京成功召开了首届 FRP 混凝土结构学术交流会，对 FRP 加固技术在我国监控的发展起到了良好的引导作用。

目前，国内以清华大学和同济大学为首的高校和相关科研机构都在对 FRP 桥面板进行研究[79][80][81]，并取得了丰富的研究成果。1982 年，在北京密云建成了跨径 20.7m，宽 9.2m 的 GFRP 简支蜂窝箱梁公路桥，如图 1.11 所示，设计荷载等级为汽车-15、挂-80，并进行了现场的荷载实验，证明了 FRP 作为承重结构的可行性。

图 1.11 北京密云 GFRP 简支梁公路桥全景

在上述研究的基础上，国家相关部门已颁布了多部相关规程，主要包括：《碳纤维片材加固混凝土结构技术规程》(CECS 146—2003)、《纤维增强复合材料加固混凝土结构技术规程》(DG/T J08—012—2002/J10158—20)、《结构加固修复用碳纤维片材》(JG/T 167—2004)和国家标准《纤维增强复合材料建设工程应用技术规范》(GB 50608—2010)。

1.5 问题的提出

FRP 筋作为一种轻质、高强的新型材料，在土木工程新建与加固领域具有十分广阔的应用前景。但随着 FRP 筋在土木工程中的应用越来越广泛，国内外学者普遍认识到很多环境作用对 FRP 筋的不利影响是不可忽视的，因此有必要对FRP筋耐久性进行深入研究。目前国内外针对FRP筋在不同环境下的耐久性研究已经开展了一定的工作，但仍存在以下一些问题：

(1)目前国内外针对碱环境、水、温度单一因素作用下FRP筋耐久性的问题已经开展了大量的研究工作，并取得了很多有价值的结论和成果，而且在实际工程中得到了验证。然而实际工程中通常是几种环境耦合在一起，并不是处于单一环境作用，多种环境因素耦合作用下的效果与单一因素下的效果是不同的，不能简单地将其侵蚀作用视为单一因素作用效果的叠加。已有相关研究成果表明：OH^-的综合作用要比其各自单独作用所导致的FRP筋侵蚀速率要快。

(2)从侵蚀环境下GFRP筋耐久性研究途径来看，目前大部分针对GFRP筋在碱环境中的耐久性试验主要是通过人工模拟混凝土孔隙液的强碱环境来进行考察，并在此基础上研究其劣化机理。而实际混凝土孔隙液碱环境与人工模拟强碱环境是有区别的，前者随着混凝土碳化反应的发生pH值会逐渐发生变化，并不是一个恒定的常数；而后者pH值基本保持恒定。因此通过人工模拟混凝土孔隙液的强碱环境得到的试验结果以及在此基础上建立的强度退化模型均偏于保守。

(3)从混凝土环境下GFRP筋耐久性研究途径来看，目前已有的研究将混凝土环境分为承受持续荷载和不受持续荷载两种。GFRP筋在混凝土环境中承受持续荷载并达到一定荷载程度时比未考虑持续荷载条件更加接近实际情况，但仍忽视了一些问题：GFRP筋在混凝土结构中通常不仅承受持续荷载，而且在非预应力时常带裂缝工作。目前国内外研究成果中还未涉及GFRP筋在承受持续荷载同时考虑带裂缝工作混凝土环境对其耐久性能的影响。

(4)目前已有的研究中关于FRP筋耐久性研究主要是从宏观角度研究侵蚀前后FRP筋力学性能变化规律，而从微观角度对侵蚀环境下FRP筋耐久性劣化机理的研究较少，特别是混凝土环境与持续荷载共同作用下FRP筋耐久性劣化机理的研究还尚未见报道。

(5)目前关于GFRP筋耐久性能长期行为预测模型的研究主要依

赖于长短期力学性能资料的积累，由于国内外缺乏 GFRP 筋长期力学性能的数据，现在仍然以短期加速试验数据来预测其长期耐久性能。但目前大部分研究工作的前提条件皆不完全相同，如所采用的 GFRP 筋的材料种类及组成、试验方法等，导致其试验结果无法按定量的方法进行比较分析。且目前所采用的按 Fick 定律和 Arrhenius 方程进行长期性能的预测均需满足特定的条件，存在一定的局限性。

1.6 本书主要研究内容

针对上述 GFRP 筋耐久性研究中存在的一些问题和不足，结合国家自然科学基金项目(项目编号:51178361)，本书对 GFRP 筋在不同环境条件下的抗拉性能开展了试验研究和理论分析工作，主要包括以下几个方面：

(1)在查阅大量国内外文献的基础上，对公开发表文献中关于 FRP 筋在不同侵蚀环境下的耐久性试验方法、耐久性能、耐久性理论研究等方面的发展研究现状进行了系统的回顾和总结。

(2)GFRP 筋基本力学与耐久性能试验研究

首先对厂商提供的 GFRP 筋进行了基本力学性能测试，包括抗拉强度、弹性模量以及延伸率，并对试验结果和破坏机理进行了分析。与此同时，对同批次生产的 GFRP 筋放置在碱、盐溶液中进行加速老化试验，以模拟混凝土碱性环境和海水环境对其性能的影响，主要分析腐蚀环境(盐、碱溶液)、环境温度(20℃、40℃、60℃)、浸泡时间(4d、18d、37d、92d 和 183d)等因素对 GFRP 筋抗拉性能的影响。

(3)弯曲荷载与环境耦合作用下混凝土 GFRP 筋抗拉性能试验研究

对处于实际服役混凝土环境下 GFRP 筋的抗拉性能的退化规律进行了试验研究，主要分析了浸泡溶液(盐、水溶液)、环境温度(20℃、40℃、60℃)、弯曲荷载水平(0、25%)、工作裂缝、侵蚀时间(40d、90d、180d、300d)等因素对 GFRP 筋耐久性能的影响。同时结合扫描电子显微镜(SEM)和差示扫描量热法(DSC)等手段从微观角度对老化试验前后 GFRP 筋进行观察与分析，在此基础上对 GFRP 筋抗拉强度的退化机理进行了研究。

(4)GFRP 筋加速老化与自然老化相关性研究

根据第 3、4 章的老化试验结果，以抗拉强度为表征手段，采用灰色关联分析方法对 GFRP 筋在自然老化环境和加速老化之间的相关性进行定量分析，探讨了 GFRP 筋抗拉强度下降的主要环境因素，并最终获得了加速因子(AF)和加速转换因子(ASF)。

(5)混凝土环境中 GFRP 筋长期抗拉强度理论模型研究

首先对现已有 FRP 筋抗拉强度预测模型进行了总结和归纳，分析了各自的预测原理、适用范围及优缺点。在分析第 4 章混凝土环境中 GFRP 筋在不同条件下抗拉性能退化规律的基础上，基于 Fick 定律的修正预测模型，通过引入含时间函数的随机变量，考虑基本可变量的不确定性，建立了混凝土环境下 GFRP 筋长期抗拉强度半概率可靠性预测模型。

2 FRP 筋耐久性研究综述

2.1 引　言

20 世纪 70 年代末期，日本和欧美等发达国家便启动了对 FRP 材料的研究，研究最初关注的问题集中在 FRP 自身及其加固混凝土结构的力学性能，很少有涉及 FRP 材料的耐久性。对于 FRP 这种新型材料来说，目前最为迫切需要研究的是其耐久性能，因为一种新型材料能否应用于工程，耐久性能是一个重要指标。FRP 材料耐久性能优于钢筋，但并不能代表其本身不受环境侵蚀，只能说 FRP 材料在腐蚀环境中退化速率较慢，抑或是腐蚀机理不同于钢筋。

20 世纪 90 年代中后期，开始从事 FRP 材料耐久性研究的学者越来越多，并分别于 1998 年 8 月、2002 年 5 月、2007 年 7 月在加拿大召开了第一届、第二届和第三届国际土木工程用 FRP 材料耐久性会议（CDCC）[83][84][85][86][87][88][89]。在试验方面，已有的研究工作主要是考虑温度、湿度、冻融循环、干湿循环、酸碱盐环境侵蚀、紫外线照射等作用对 FRP 筋耐久性能的影响。在理论研究方面，目前主要集中在湿度作用和盐碱侵蚀及紫外线作用对 FRP 筋耐久性能的影响，以及在此基础上对 FRP 剩余抗拉强度的预测等方面。

本章对国内外有关侵蚀环境下 FRP 筋耐久性的研究成果进行了归纳和总结，主要从试验方法、试验研究及理论研究成果等三个方面进行评述。

2.2 FRP 筋耐久性试验方法的研究进展

由于 FRP 材料在土木工程中应用时间相对较短，长期力学性能数据缺乏，因此进行加速老化试验是了解FRP材料耐久性能最直接有效的方法。加速老化试验不仅可以缩短试验时间，还可以控制试验参数进行单因素影响分析，例如温度、荷载、湿度、溶液浓度等。

2.2.1　耐久性试验分类

FRP材料耐久性试验研究主要方法为：自然老化试验研究、实际现场试验研究、人工模拟自然环境以及模拟加速老化试验研究[52]。

2.2.1.1　自然老化试验

自然老化试验是一种在户外对试样进行暴露老化试验的方法，使试样暴露在真实的自然环境下，通过自然环境因素（例如紫外线辐射、阳光、雨水、温度等大气条件的综合作用）对试样的作用，从而实现自然老化的试验方法。该方法更能反映材料的实际使用情况，试验数据最为真实可靠，可以准确地评价FRP材料在实际环境中力学性能的退化和使用寿命。然而由于所需试验周期过长，一般需几年甚至十几年，这对于FRP材料耐久性的研究来说显然是无法接受的。

2.2.1.2　实际现场试验

实际现场试验的方法是将试验材料直接放在实际工程环境中来获得数据，这种方法可以利用实际工程中的腐蚀环境，但是实际现场的环境变化较多，影响因素很复杂，不同的实际现场环境其试验结果差别也比较大，对探索影响材料性能的主要因素干扰很大，且试验周期较长。

2.2.1.3　人工模拟试验

人工模拟自然环境试验方法，一般是在试验容器中放入酸、碱、盐等介质溶液，用干燥箱、水浴箱等仪器控制温度、湿度，用紫外线灯等模拟自然环境作用。这种试验方法可以有效控制试验参数并能进行单因素影响分析，但试验时间仍比较长。

模拟加速老化试验方法是通过提高环境作用强度，一般要考虑物理老化、化学老化以及力学性能衰减三个方面，因其能在较短的时间研究试样实际工况下的耐久性能而被广泛应用，但采用此方法的试验结果与自然环境作用结果存在是否能较好吻合的问题。

目前FRP材料的耐久性试验研究方法，一般多采用模拟加速试验的方法对FRP的耐久性能进行评估。宏观上测定加速试验前后的吸湿率、抗拉强度、弹性模量、延伸率等，在微观层次主要采用热重分析（TGA）、扫描电子显微镜（SEM）[90][91]、差示扫描量热法（DSC）[91]、动态力学分析（DMA）[92][93]、傅立叶红外光谱（FTIR）[91]等方法测定材料的物理性能。

日本土木工程学会用于评价连续纤维增强材料耐碱性的试验方法是：将试件浸泡在与混凝土孔隙液相同成分的人工配制的碱溶液中，温度可在20～60℃之间变化，浸泡期一般为1个月，当连续纤维增强材料用作预应力筋时应施加拉应力后再浸泡于碱溶液中。浸泡结束后通过测试材料的基本力学性能及外观变化等来评价其耐久性。

2.2.2 加速老化与自然老化相关性

人工加速老化试验的目的是通过短时间内的试验以指导工程实际设计或预测实际工程的耐久性寿命。因此，将加速老化试验结果与自然环境老化结果相互对应起来，并建立两者之间的相关关系是十分必要的。一旦建立了这种对应关系，它会反过来促进人工加速老化试验方法及其结果的应用和发展。因此，两种试验环境条件之间的相关性研究是有意义的。但是由于自然环境的变化情况复杂、相关因素较多，若想对实际可能出现的各种自然环境条件都一一对应地给出试验中的人工加速条件是不太可能的。另外，随着人工加速老化试验的加速作用程度越高，试验周期越短，相应的试验结果离散程度也就越大。

目前，直接应用人工加速老化试验结果定量计算出自然老化环境中材料的耐久性寿命虽然较困难，但相关定性的结论已在工程实践中[illegible]对复合绝缘子的耐久性寿命评估，在电力工业中一般采用“5000h老化试验”，通过老化试验的复合绝缘子被认为在自然老化环境中的服役寿命将超过25年；再例如汽车涂料工业中，对汽车某零件镀层做加速试验循环两次相当于在美国底特律市使用一年的寿命[97]。这些定性的结论是通过大量人工老化试验和自然老化试验的数据对比得出的，虽然不是建立在经过严密推导的公式基础上，但它们却架起了一座连接人工加速老化试验和实际工程应用之间的桥梁。

对于 GFRP 筋的耐久性研究，目前国内外大部分研究成果均是基于单一环境条件，其试验方法、试验手段、加速因素不尽相同，使得研究成果在工程中的应用受限[98]。为了使 GFRP 筋耐久性研究与实际工程结合得更加紧密，可以通过人工加速老化试验与自然老化试验的数据，建立一种人工加速环境和自然老化环境之间的定性关系，使其能应用于工程实际中以实现工程所需。

2.3 影响 FRP 筋耐久性的主要因素

影响 FRP 筋耐久性的因素很多，而且各种因素之间相互联系，错综复杂，归纳起来可以分为三个方面：内在因素、外部环境因素和受荷状态。其中内在因素主要是材料自身的组成与组分，例如树脂和纤维的类型、树脂和纤维间界面层黏结性能等；外部环境因素主要包括水和潮湿环境、不同 pH 值环境、环境温度、紫外线照射、冻融和干湿循环等；受荷状态包括持续荷载、疲劳荷载等。FRP 筋的耐久性能退化归根结底是三个方面因素共同作用的结果。

2.3.1 内在因素

FRP 筋是由纤维和树脂基体所组成，其中纵向纤维承担荷载，树脂在纤维之间进行应力的传递，使得纤维协同工作。同时纤维和树脂分为无机和有机材料，为了实现两者良好黏结，在其之间存在一层界面层。因此对于 FRP 筋中存在的纤维增强组分、树脂基体和界面层，可以认为这三种组分的耐久性能直接影响 FRP 筋的耐久性能。

2.3.1.1 玻璃纤维

玻璃纤维的腐蚀可以分为蚀刻、浸析两种化学反应，这两个反应可能单独发生，也可能同时进行[117]。

蚀刻过程通常是由碱腐蚀造成，会破坏 Si—O 网络。如果反应产物不在玻璃表面沉积，同时不考虑由于此反应造成腐蚀溶液浓度变化，此反应速率与时间成一定的比例关系。此外根据 Arrhenius 公式，高温会加速其反应速率[118]。

浸析腐蚀过程通常在酸性介质中发生，在此过程中会出现玻璃纤维中的碱性离子和其他阳离子与溶液中的氢离子进行交换。这种离子交换是造成玻璃纤维应力腐蚀的重要原因。如果浸析层不再转换，则反应速度由交换离子扩散率决定，将导致腐蚀与时间的平方根成比例[119]。然而在实际腐蚀过程中，反应产物会改变腐蚀环境，这将导致此反应速度的降低。这种改变的重要例子是，如果反应产物在玻璃纤维表面形成一个保护层，将限制玻璃纤维内部通过此层进行物质运动，从而降低反应速度。另外，如果反应产物在腐蚀溶液中积累(例如达到饱和时)，此反应速度将降低，甚至停止[120][121]。

(1)碱环境下的腐蚀机理

玻璃纤维在碱溶液中与 OH^- 发生水解反应[122]，造成玻璃纤维的腐蚀。水解反应可表示为：

$$\text{Si—O—Si—} + OH^- \longrightarrow \text{Si—OH(solid)} + \text{Si—}O^- \qquad (2\text{-}1)$$

在碱溶液中(特别是当 pH 值大于 10 时)，$HSiO^{3-}$，SiO^{2-} 和 H_2SiO_3 将从玻璃纤维表面析出。

E-glass 纤维中由于 SiO_2—CaO 受到腐蚀，导致玻璃纤维在碱溶液中产生另外一种化学反应[117]，生成水玻璃凝胶物质。反应式如下所示：

$$2x\text{NaOH} + (\text{SiO}_2)_x \longrightarrow x\text{NaSiO}_3 + x\text{H}_2\text{O} \qquad (2\text{-}2)$$

(2)水中腐蚀机理

[illegible]腐蚀，只是腐蚀速率非常缓慢，腐蚀的程度也较小。通常水中 H^+ 与碱硅玻璃中所含的碱性离子发生交换反应[123]，如式(2-3)～式(2-5)所示。

$$\text{Si—O—Na}+H_2O \longrightarrow \text{Si—OH}+\text{NaOH} \quad (2\text{-}3)$$

$$\text{Si—O—Si—}+OH^- \longrightarrow \text{Si—OH(solid)}+\text{Si—O}^- \quad (2\text{-}4)$$

$$\text{Si—O}^-+H_2O \longrightarrow \text{Si—OH}+OH^- \quad (2\text{-}5)$$

上述水解和交换反应直接导致纤维表面出现细小的孔洞，同时化学反应生成物中含有碱性离子，从而使得反应自动进行。但是由于 E-glass 纤维中的碱性离子极少，含量低于总质量的 1.0%，因此该反应发生的速率很小。

（3）酸环境下腐蚀机理

玻璃纤维在酸环境中的腐蚀机理与式（2-3）类似，但是反应物中 H^+ 占绝大部分，反应速率较快，因此对纤维所造成的损失也较大，化学反应如式（2-6）所示：

$$\text{Si—O—Na}+H^+ \rightarrow \text{Si—OH}+Na^+ \quad (2\text{-}6)$$

通常 GFRP 筋所处混凝土环境中 H^+ 浓度较低，但是由于树脂基体的半透性，OH^- 不能直接进入树脂内部到达玻璃纤维表面，导致纤维表面存在一定含量的 H^+ 引起纤维的酸腐蚀，进而会导致纤维的应力腐蚀。

综上所述，碱腐蚀是由 OH^- 破坏硅氧键的断裂，从而引起玻璃纤维主要组成骨架的破坏，最终导致玻璃纤维受力性能的退化；而对于水和酸腐蚀，只是纤维表面物质与溶液中离子的交换作用，引起纤维表面缺陷和裂缝的产生，从而导致纤维的应力腐蚀，使得纤维在应力作用下突然断裂[69]。对于 E-glass 纤维来说，碱腐蚀程度最为严重，而酸和水对其腐蚀程度较小，所以对于 E-glass 纤维 GFRP 筋主要考虑其在碱环境下的耐久性，而酸和水环境下主要考虑其在应力作用下的腐蚀应力断裂问题。

已有研究结果表明[124][125]，在碱环境下，OH^- 与玻璃纤维中主要成分 SiO_2 发生化学反应，使得玻璃纤维变细变脆，逐渐失去强度。酸环境下，H^+ 对玻璃纤维也有一定的腐蚀作用，相关试验结果表明[126][127]，E-glass 纤维在酸中长期浸泡后纤维中所含硅酸盐会被溶解，从而导致纤维强度的降低。

在紫外线环境下，玻璃纤维中所含的化学键会吸收一定波长的紫外线并导致化学键的断裂,从而导致纤维损伤,使得纤维强度降低。黄故[124][128]对 E-glass 在紫外线环境下的耐久性能进行试验,结果表明:经受紫外线辐射 4h 后,E-glass 抗拉强度下降了 50%,且纤维表面出现明显的裂纹。

碳纤维主要由性能稳定的碳原子组成,抵抗外界环境腐蚀和紫外线辐射的性能相当好[129]。芳纶纤维受氢离子的影响较为明显,且易吸水膨胀导致强度降低,但它在碱环境下的耐久性较好。Uomoto 等[130]对 3 种纤维在酸、碱及紫外线环境下进行了耐久性试验,试验结果见表 2.1。可见,玻璃纤维在碱环境下耐久性较差,紫外线对芳纶纤维有较大影响,而碳纤维在酸、碱及紫外线环境下耐久性较好。

表 2.1 纤维受侵蚀后剩余抗拉强度

侵蚀类型	纤维类型			备注
	玻璃纤维	碳纤维	芳纶纤维	
碱溶液浸泡	15%	95%	92%	NaOH,40℃,100h
酸溶液浸泡	100%	100%	74%	HCl,40℃,120d
紫外线照射	81%	100%	45%	0.2MJ^2/h,1000h

2.3.1.2 树脂基体

树脂基体在 FRP 筋中所起的作用是不可替代的,它将纤维包裹成一个整体,不仅保证了纤维之间有效应力的传递,而且还使纤维免遭外界环境腐蚀。

树脂的劣化过程可以分为物理和化学两个过程:物理过程主要是指水分子在树脂内部的渗透和扩散,使得树脂分子间的作用力减小,引起树脂膨胀和树脂玻璃化温度的降低,但是这个过程是可逆的;而化学水解会使得树脂的塑性增加,同时会造成微裂缝的萌生,最后导致树脂力学性能的进一步退化,这个过程往往是不可逆的。

热固型树脂的耐久性能很大程度上取决于聚合物的骨架稳定性。几乎所有热固树脂类型的官能团中都含有酯键,而酯键在聚合物中较弱,容易发生水解反应[131]。树脂的水解反应如图 2.1 所示。

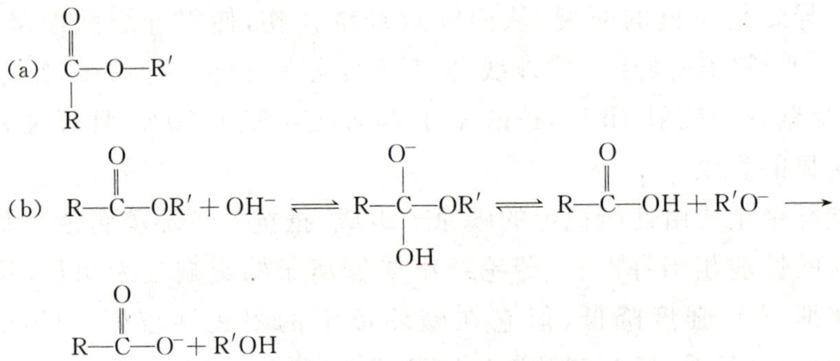

图 2.1　树脂的水解反应

(a)酯键分子结构；(b)酯键的水解反应

相同的酸或碱性侵蚀环境下，树脂抵抗侵蚀能力要优于玻璃纤维，而对于有机溶剂的侵蚀，则其抵抗能力要比玻璃纤维差[132]。树脂的化学结构不同，其抵抗侵蚀的能力也各不相同。此外，FRP 筋的树脂含量，特别是表层树脂的含量直接影响着其耐腐蚀性能。

2.3.1.3　界面层

已有文献证实界面层是介于纤维和树脂基体之间的第三相[133]，该层具有一定的弹性模量、热膨胀系数和泊松比。在潮湿的环境中，较弱的界面层引起树脂基体在渗透压力作用下开裂，另外，由于界面层不同程度的膨胀引起的界面层脱黏和分层，均会导致 FRP 筋的层间剪切性能以及横向拉伸性能退化严重。

界面层由润滑组分、浸润组分和偶联组分三部分组成，其中偶联组分是最容易受到环境影响的，对界面层性能影响最大。由于偶联剂的应用与树脂选用有关，对于 E-glass 和乙烯基树脂体系，通常采用硅烷偶联剂。在碱溶液中，偶联剂与纤维化学黏结的退化以及偶联剂的水解均会导致界面层的脱黏[134]。

2.3.2　外部环境

2.3.2.1　水和潮湿环境

在实际工程环境中，FRP 筋最有可能直接接触到的便是水和潮湿环境，水分会导致筋材内部组织不同程度的膨胀，从而对其力学性能产生一定程度的影响。相关研究表明：当水分子渗透到 FRP 材料基体内部时，树脂基体会发生不同程度的水解反应，并且外界温度会影响水解反应速率。除此之外，水分子的渗透还可能造成一些可逆反应（树脂塑化、玻璃转化温度降低）和不可逆反应（萌生裂缝），这些反应不仅导致树脂和纤维的破坏，还会造成树脂和纤维界面层的分层。

为了考察 FRP 筋在潮湿环境下的耐久性能，通常会选取不同类型的纤维和树脂基体，不同的环境温度、湿度以及浸泡时间等试验参数。在保持试验环境相同的情况下，改变其中一个参数，即可得到这个参数与 FRP 筋耐久性能直接的对应关系。待达到相应的浸泡龄期后，通过检测 FRP 筋的吸湿率、极限抗拉强度、抗拉弹性模量等材料性能指标的变化来研究潮湿环境对 FRP 筋耐久性能的影响。关于 FRP 筋在水和潮湿环境下耐久性能的研究，已经取得了大量的试验数据和有益的结论，主要的研究成果如下：

Hayes 等[99]对基体材料由乙烯基酯组成的 GFRP 筋进行了干湿循环试验，环境温度为 45℃，试验 30d 后发现试件的抗拉强度降低了 26%左右，之后试件的性能不再发生明显变化，这表明 GFRP 筋中的玻璃纤维或者乙烯基酯已经发生了不可逆转的破坏。除此之外，Hayes 还将 CFRP 筋浸泡在 80℃的水溶液中，2 个月后发现试件的抗疲劳性能出现了较大程度的降低，导致抗疲劳性能发生明显降低的主要原因可能是基材性能的劣化。与干燥环境相比，CFRP 筋在 80℃环境中的抗疲劳性能更好，对 AFRP 筋进行类似的试验也有相同的结论。主要是因为 80℃的环境使得树脂基体柔性增加，从而增强了纤维和基材界面的错动性能，进而提高了材料的抗疲劳性能。

Bank[100]教授的研究团队开展了一系列的耐久性试验，例如将 GFRP 筋浸泡在环境分别为 23℃、40℃、80℃的水溶液中，浸泡 224d 后发现：在 23℃水溶液环境下，试件的抗折强度、短梁剪切强度等都没有发生明显变化；在 40℃水溶液环境下，试件的抗折强度降低了 14%，与 40℃的环境温度相比，80℃水溶液环境下试件的抗折强度增加了 31%，这表明温度因素对 GFRP 筋在潮湿环境中的耐久性能有较大影响。Steckel 等[101]将 GFRP 筋浸泡在温度为 38℃的自来水中，结果表明：

GFRP筋在浸泡1000h后抗拉强度下降了10%，3000h后下降了30%。Porter和Barnes[102]将三种类型的FRP筋放置于相对湿度为100%的空气中，试验时间为200d。结果发现，当温度为93℃时，E-glass纤维/乙烯基酯试件抗拉强度降低40%；温度为23℃时，试件抗拉强度则降低了25%。两种温度条件下试件的抗弯弹性模量和拉伸模量均下降了10%。Pantuso等[103]对玻璃纤维/聚酯FRP筋进行了干湿循环试验，试验时间为60d，温度为23℃，干湿循环30次。试验结果表明，试件的抗拉强度降低了10%。Tannous和Saadtamanesh[104]将CFRP筋和AFRP筋浸泡在水中进行试验，试验温度为25℃，时间为12个月。当试件浸泡6个月和12个月时，CFRP筋的抗拉强度分别降低了0.4%和0.7%，AFRP筋的抗拉强度分别降低了1.8%和2.3%。

Chen Yi等[105]对CFRP筋和GFRP筋进行了浸泡试验，环境温度为60℃，试件分为两组，一组为持续浸泡试验，一组为干湿循环试验。试验结果表明，CFRP筋表现出优越的耐久性能，试验前后CFRP筋材料力学性能基本没有变化，而GFRP筋受浸泡后，材料力学性能下降较为明显。Francesca Cernoi和Edoardo Cosenza等[106]将三种不同类型的FRP筋进行干湿循环试验后发现AFRP筋的纤维性能发生劣化，GFRP筋和CFRP筋中树脂基材由于水解作用发生了破坏。李趁趁等[71]的研究结果表明，干湿循环作用对CFRP片材的抗拉强度影响不大，但弹性模量有小幅上升趋势。

综上所述，在潮湿环境中基体树脂的水解导致了FRP材料界面的破坏，使得纤维和基体之间发生脱黏现象，从而导致FRP材料性能的不断下降。在树脂基体相同的情况下，碳纤维复合材料的耐水能力要高于玻璃纤维复合材料；对于纤维类型相同的FRP材料，其耐水性能则主要受树脂基材的影响，其中乙烯基酯最优，环氧树脂次之，聚酯由于含有较多的易水解的酯链，性能最差。

2.3.2.2　碱、酸、盐环境

(1)碱环境

混凝土孔隙液中包含$Ca(OH)_2$、KOH、NaOH等碱性成分，其

pH 值为 12.5～13.5，属于强碱环境。美国于 2004 年编制规范 ACI 440.3R－04[33]，规定了 FRP 筋在模拟混凝土溶液环境侵蚀加速老化试验方法。规范规定，试验环境为模拟混凝土毛细孔溶液，溶液配制标准为每升水溶液 118.5g $Ca(OH)_2$、0.9g NaOH、4.2g KOH，pH 值为 12.6～13.0。溶液温度恒定为 60±2℃，试验时间共分为 5 段，分别为 30d、60d、90d、120d 和 180d。通过加速老化试验可以得到 FRP 筋在模拟混凝土环境中力学性能退化程度随时间的变化关系。

在碱环境中，FRP 筋暴露在水分子的扩散和碱性离子的渗透双重作用下，导致 FRP 筋中树脂基体和玻璃纤维受到不同程度的损伤[107]。已有大量试验研究表明[108][109][110]，碱环境会造成 GFRP 筋抗拉性能的退化。

Sonawala 等[111]将 GFRP 材料浸泡在浓度为 10％的 NaOH 溶液中，溶液温度为 23℃，9 个月后发现抗拉强度退化率达到 45％。

Bank 等[100]将基体材料由乙烯基酯组成的 GFRP 筋放置在温度为 23℃，浓度分别为 0.3％、3％和 30％的 NH_4OH 溶液中 224d 后发现，仅浸泡在浓度为 30％的溶液中的试件抗拉强度降低了约 12％。热重分析（TGA）发现基材和纤维/基材发生了劣化，且基材含量较多的区域树脂有溶蚀现象。Steckel 等[101]将 CFRP 筋和 GFRP 筋浸泡在 pH 值为 9.5 的 $CaCO_3$ 溶液中用以模拟混凝土毛细孔溶液，溶液温度为 23℃，浸泡时间为 3000h。试验结果表明，两组 FRP 筋的力学性能的退化有所不同，其中一组 GFRP 筋弹性模量降低了 10％，而另一组 CFRP 筋的短梁剪切强度降低了 30％。Tannous 等[104]对三种不同类型的 FRP 筋进行了老化加速试验，一种是 AFRP 筋，另外两种是 CFRP 筋。$Ca(OH)_2$ 溶液的 pH 值为 12，溶液温度分为 25℃和 60℃两组。试验 12 个月后，CFRP 筋的各项力学性能没有发生明显变化，而 AFRP 筋在两种温度下浸泡后的抗拉强度却分别下降了 4.3％和 6.4％，这表明碳纤维/环氧树脂增强复合材料体系有较好的抵抗碱环境侵蚀的能力。Francesca Cernoi 等[106]将 GFRP 筋浸泡在 pH 值为 12.5～13 之间的碱溶液中 2～3 个月，试验温度为 60℃，用以模拟室温下 50 年时间，结果发现试件的抗拉强度降低了 55.6％～72.6％。

Uomoto等[10]将GFRP筋、CFRP筋、HFRP筋浸泡在温度为40℃的$Ca(OH)_2$溶液中,浸泡120d后发现侵蚀后的GFRP筋抗拉强度降低了70%,而其他两种FRP筋的抗拉强度没有发生明显退化。Gangarao等[112]将基体材料由乙烯基酯和环氧树脂组成的GFRP筋放置在碱环境中进行冻融循环试验,试验结果表明,试件的抗拉强度降低了49%,弹性模量降低了37%。

Saadatmanesh等[113]将AFRP筋、GFRP筋和CFRP筋分别浸泡在25℃和60℃的碱溶液中进行耐久性试验,试验结果表明AFRP筋和CFRP筋在碱环境中的耐久性能均优于GFRP筋。Bakis等[114]对三种不同类型的GFRP筋进行了加速试验,环境为饱和$Ca(OH)_2$溶液,温度为80℃,试验时间为28d。结果发现这三种GFRP筋性能均发生了劣化,且基材全部为乙烯基酯的GFRP筋劣化程度比乙烯基酯/聚酯组合作为基材的GFRP筋低。

李趁趁等[115]将不同直径的GFRP筋浸泡在模拟混凝土内部孔隙水的碱溶液中,溶液pH值在12.6～13之间,浸泡60d后发现,所有直径GFRP筋抗拉强度均出现了降低的现象,随着侵蚀时间的增加,抗拉强度退化程度也有增大的趋势。

综上所述,在碱环境中就纤维类型而言,普通玻璃纤维E-GFRP材料的耐久性最差,抗碱纤维AR-GFRP材料的抗碱性能有明显改善,AFRP材料和CFRP材料的抗碱性能较好,尤其是CFRP材料,受碱性离子影响相对小。而就树脂基材类型而言,以乙烯基酯作为基材的FRP材料抗碱性能最优,环氧树脂其次,聚酯最差。目前虽然有关FRP材料抗碱性能的试验研究很多,但是由于FRP材料本身的复杂性以及试验条件的不统一,试验成果不具普适性,在成果之间也缺乏可比性。

(2)酸环境

在实际混凝土工程中,FRP筋一般作为加强筋配置在混凝土内部,与酸性介质直接接触的可能性很小,所以通常可以不考虑它的耐酸性能。但是也有很多工程将FRP筋用于体外预应力筋或者斜拉桥的拉索,这样就会将FRP筋置于大气环境中,此时就需要考虑酸环境

(例如酸雨)的影响了。与碱环境下 FRP 筋耐久性试验方法类似,基本上都是采用模拟加速老化的试验方法。

张新越等[70]对 GFRP 筋在酸性介质下进行加速老化试验,试验结果发现,在酸环境中,FRP 筋的力学性能只有当温度达到 80℃或更高时才会出现退化;而当溶液温度低于 40℃时,GFRP 筋除了表面颜色发生变化外,材性没有出现明显的降低。在 60℃的酸溶液中浸泡 4 周后,试件抗拉强度下降了 3.0%,浸泡 8 周后,强度下降了12.5%,而 CFRP 筋材料性能没有受到明显影响。

周继凯等[116][135]对 GFRP 筋与混凝土黏结性能在不同 pH 值的酸环境下进行了短期试验。试验结果表明:黏结强度降低程度与溶液 pH 值成正比例关系;在相同 pH 值环境下,GFRP 筋的黏结强度下降趋势要缓于钢筋。

总体而言,FRP 抵抗酸性侵蚀的能力较强。

(3)盐环境

海洋工程环境下的钢筋混凝土结构工程由于长期受海水侵蚀,混凝土中的钢筋锈蚀现象非常严重,已建的海港码头等工程多数都达不到设计寿命的要求。国内外大量调查表明:海洋恶劣环境下的混凝土构造物经常过早损坏,寿命一般在 20~30 年,远远达不到要求的服役寿命(一般要求服役寿命 100 年以上)。损坏的构造物需花费大量的财力进行维修补强,造成了巨大的经济损失。FRP 筋作为钢筋替代材料的一大优点就是能解决海洋环境下混凝土中钢筋锈蚀的问题。目前,国内外针对 FRP 筋在海洋环境中的耐久性研究主要集中在考察腐蚀前后其抗拉性能的变化规律。

Steckel 等[101]将四种 CFRP 筋和三种 E-GFRP 筋浸泡在 23℃的盐溶液中 3000h 后,各时间的抗拉强度均没有发生变化,其中两种 CFRP 筋试件的短梁剪切强度分别降低了 13%和 29%,该劣化程度与直接将试件浸泡在水中差异不大。

[illegible]等[illegible]对三种不同类型的 FRP 筋进行了耐久性试验,将试件直接放置在自然海水环境中。浸泡 32 个月后发现 AFRP 筋抗拉强度相比未浸泡前下降了 51%,GFRP 筋抗拉强度下降了 30%,而

CFRP 筋的抗拉强度基本没有发生变化。Salloum 等[137]通过将 GFRP 筋浸泡在温度为 50℃的自然海水溶液中进行加速老化试验，180d 后发现 GFRP 筋的抗拉强度仅下降了 11%。

Kim 等[138]将 GFRP 筋浸泡在温度为 80℃的模拟海水溶液（NaCl 浓度为 3%）中，浸泡 132d 后 GFRP 筋的抗拉强度保留率仅为 43%。Chen Yi 等[105]将 GFRP 筋分别浸泡在 40℃和 60℃的模拟海水溶液中，70d 后发现其抗拉强度分别下降了 2.2%和 25.8%，其中每升模拟海水溶液中包含 30g NaCl 和 5g Na_2SO_4。

付凯等[57]采用 ASTM D665 规定的耐久性试验方法，对 GFRP 筋抗拉强度在人工海水环境下的退化规律进行了加速老化试验研究，在分析实验数据的基础上提出了人工海水环境下 GFRP 筋抗拉强度的退化模型。试验结果表明：在 40℃、60℃、80℃人工海水环境中侵蚀 183d 后，GFRP 筋的抗拉强度分别下降了 17.71%、24.89%和 28.65%，而弹性模量仅分别下降了 6.57%、4.40%和−3.77%（“−”表示上升）。

张颖军等[140]采用海水浸泡加阳光暴晒循环老化的方法来模拟海洋环境，开展了 GFRP 材料在模拟海洋环境下 70d 的自然循环老化试验，试验结果表明 GFRP 材料的抗拉强度下降了 3.7%。

于爱民等[141]同样参照 ASTM D665 提供的试验方法，将 GFRP 筋放置在室温环境下进行了为期 3 个月的耐久性试验研究。结果表明，在人工海水环境下侵蚀 3 个月后，GFRP 筋的抗拉强度和剪切强度分别下降了 10.11%和 10.42%。

综上可知，就纤维种类而言，CFRP 材料的抗侵蚀性能最好，AFRP 材料次之，GFRP 材料较差；就树脂基材类型而言，乙烯基酯作为基材保护纤维免受氯离子侵蚀的能力最优，环氧树脂次之，聚酯最差。

相对而言，国内关于盐环境下 GFRP 筋抗拉性能退化机理的研究还较少，已有的相关研究成果尚未取得广泛的统一。

2.3.2.3　紫外线照射环境

紫外线只占太阳光的 5%，但它却是造成户外有机材料老化的主要原因之一。紫外线对混凝土结构中的 FRP 筋的性能影响较小,但在存储时难免会暴露在紫外线的照射下,FRP 筋的抗拉强度会因树脂表层的氧化而降低[142][143]。紫外线照射老化试验方法有两种,一种是在实验室用人工紫外线对 FRP 试件进行照射试验,另一种是在自然状态下让试件接受阳光照射。

Kato 等[144]对不同种类的 FRP 筋进行了紫外线照射老化试验。试验环境温度为 26℃,紫外线照射强度为 0.2MJ/m^2·h。试验结果表明,AFRP 筋抗拉强度降低了 13%,GFRP 筋抗拉强度降低了 8%,而 CFRP 筋力学性能基本没有发生明显变化。

Uomoto 等[145]将 GFRP 筋放置在强紫外线的环境下,照射 3 年后抗拉强度减少了 19%。Tomosawa 和 Nakatsuji[146]将 13 种不同类型的 CFRP 筋、AFRP 筋和 GFRP 筋浸泡在热带地区的海水环境中,2 年后进行材料性能试验发现试件的各项力学性能没有发生较大变化。

Sasaki 等[136]对 CFRP 筋、AFRP 筋和 GFRP 筋进行了紫外线暴露试验。将试件暴露在海边的阳光下,其中不带预应力的试件暴露 32 个月,带预应力的试件暴露 42 个月。试验结果发现不带预应力的试件性能基本没有变化,而带预应力试件应力松弛达到 50%。

Falabella 对 GFRP 筋在臭氧、高温以及紫外线老化等环境条件下的耐久性能进行了试验研究[147]。试验结果表明,臭氧和高温环境对 GFRP 筋的抗拉强度影响不明显,但在紫外线的照射作用下,试件的抗拉强度产生了一定程度的退化。

张琦等[128][148]采用扫描电子显微镜(SEM)、差示扫描量热法(DSC)和力学测试方法,研究了紫外线照射对玻璃纤维增强复合材料力学性能的影响。研究结果表明:试件的抗拉强度出现了小幅度升高的现象,但是随着照射时间的增加,试样抗拉强度逐渐减小。照射 50h 后的试件抗拉强度上升了 10.3%,继续照射 200h 后试件的强度退化率较之前增加了 13.6%。究其原因,主要是在紫外线照射初期试件发生了后固化现象,与此同时,光化学反应会导致树脂产生劣化,但是劣化程度与后固化现象相比显得微不足道,后固化现象占主导地位,使得筋材界面层性能以及抗拉强度得到了提高。随着照射时间的增加，后固化所产生的增强效果逐渐减弱，光化学反应的降解作用也开始慢慢占据主导地位，表现在宏观力学性能上便是材料的力学性能从开始小幅增加到逐渐退化的过程。

通过对所述试验结论进行归纳和总结，可以发现AFRP筋对紫外线较为敏感，GFRP筋和CFRP筋的抗紫外线能力比较好。在紫外线的照射下，筋材中的树脂基体最容易受到影响，发生光化学氧化反应从而导致老化。而树脂基体是FRP筋的组成部分之一，基体的老化会使得玻璃纤维与树脂之间传递应力的效率下降，表现在宏观力学方面即抗拉强度的下降。为了避免紫外线直接照射导致树脂的劣化，通过采用树脂添加剂或对树脂表面进行合适的处理，均可以达到较好的抵抗紫外线的效果。

2.3.2.4　冻融循环

在世界范围内，很多混凝土结构都处于严寒区域，温度在0℃上下波动较为频繁，有些地区每年冻融循环的次数多达100次以上。冻融循环可能会导致FRP筋材本身以及FRP筋与混凝土黏结界面性能劣化。冻融循环实际可以分为水分的冻结和融化两个过程，当温度在0℃以上时，水分沿着筋体表层树脂的空隙或毛细作用向内部渗透；当温度在0℃以下时，FRP筋体内部的水结冰，体积变大，产生不均匀的膨胀应力。当冻融循环达到一定次数后，树脂基体内部便会萌生出微裂缝，久而久之，微裂缝会逐渐发展、连通，从而使FRP筋抗拉性能退化。

为了方便控制温度，FRP材料冻融循环试验一般是在实验室环境下进行。试验可分为两种，一种是对FRP材料直接进行冻融循环，同时辅以一定的湿度条件，试验结束后考察FRP材料本身的性能变化；另一种是对FRP筋增强混凝土构件或FRP筋加固混凝土构件进行冻融循环，该类型试验可以同时考察FRP材料以及FRP材料与混凝土黏结界面的性能变化情况。

Steckel等[101]对两种类型的FRP筋进行了冻融循环试验，环境温度为－18～38℃，循环次数为20次。试验结束后对FRP筋进行称重、抗拉强度、短梁剪切强度等性能的对比，结果发现经过20次冻融循环后试件性能并没有发生明显变化。

Tannous和Saadatmanesh[104]对CFRP筋和AFRP筋进行了1200次冻融循环。每次循环包括－30℃环境下2h和60℃环境下2h。试验结果表明，冻融循环对FRP筋试件抗拉性能没有明显影响。

Kader等[149]对GFRP筋进行了冻融试验，温度循环为－20～20℃，循环次数为360次，试验结果表明，GFRP筋的抗拉强度降低了27％。Uomoto[145]将GFRP筋放置在－20～15℃的温度下冻融循环300次后发现抗拉强度和弹性模量均变化不大。

Gangarao[112]教授团队将GFRP筋增强混凝土梁试件放置在碱溶液中进行了冻融循环试验。一个完整的冻融循环温度变化为－20～49℃，相应的湿度为0～95％，每个循环经历121h，试验为期143d。试验结果发现GFRP筋增强混凝土梁的承载能力降低了17％。

Renee Koller等[151]将105根不同类型的FRP筋放置在温度范围为－29～20℃的环境中进行了250次冻融循环。试验结果证实冻融循环对FRP筋尤其是GFRP筋的强度有较明显的不利影响，但损失一般不超过10％。冻融循环对FRP筋的影响程度取决于温度变化幅度和循环次数。

在张新越的冻融循环试验中[70]，经历50～300次冻融循环后的GFRP筋抗拉强度有不同程度的下降，弹性模量则随冻融循环次数增加呈上升趋势。文献[152]的研究结果表明：在经受冻融循环作用后的GFRP试件表面形貌特征和破坏形态与对照试件相比，没有发生明显的变化。

任慧韬[44]教授团队对两种不同类型的FRP片材进行了冻融循环试验，每次冻融循环时间控制为3h，循环次数分别为50次和100次。根据实验条件、纤维类型、黏结剂类型等参数将冻融循环试验分为9组，每组包括3个试件。试件经冻融循环后晾干裁制成标准宽度后测试抗拉强度、弹性模量、极限拉应变的变化情况。试验结果表明，CFRP片材和GFRP片材的抗拉强度均出现了不同程度的降低，抗拉弹性模量变化不明显；与CFRP片材相比，GFRP片材的抗拉强度降低的幅度略大,达到了 10%。

通过上述分析,可以发现有关冻融试验对 FRP 材料的耐久性试验结果并不是完全的一致。这主要是由于研究者所采用的冻融试验方法不尽相同,致使试验结果之间相差较大。总体而言,冻融循环对 FRP 材料的抗拉性能具有一定程度的影响。

2.3.2.5　混凝土环境

在桥梁、房屋等结构工程中,FRP 筋一般埋置于混凝土内部作为主要受力构件。实际混凝土浇筑初期其孔隙液为强碱性的,会对 FRP 筋的抗拉性能产生不利的影响,虽然可以采用模拟孔隙液强碱环境来进行加速老化试验,但与实际混凝土环境相比还是存在一定的差异。为了使试验环境更加接近实际服役状态,或者考察不同环境因素的共同作用,一般可以将不同的影响因素同时或先后作用在试件上。例如:为了模拟真实的自然老化试验,将冻融、干湿循环和紫外线照射等因素进行叠加;为了考察盐碱离子共同作用对试件性能的影响,利用盐碱混合溶液对试件进行腐蚀试验;为了真实反映混凝土结构中 FRP 筋的受力状态,可以将 FRP 筋试件施加荷载后再进行环境侵蚀试验。

Manuel 等[153]研究了盐环境对混凝土中 GFRP 筋的作用,并对 GFRP 筋与混凝土相互黏结作用等进行了非线性仿真模拟。陈诗学[135]和张炎[154]模拟了不同侵蚀环境,进行 GFRP 筋黏结性能试验,研究了各种介质环境对 GFRP 筋混凝土黏结性能的影响。

Dejke[155][156]将不同种类的 GFRP 筋用混凝土包裹并浸泡在环境温度为 60℃的水溶液中,放置 1.5 年后将 E-glass 纤维 GFRP 筋取出并进行拉伸试验,试验结果表明 GFRP 筋抗拉强度退化率仅为 10%。Nanni 将同种 GFRP 筋浸泡在 60℃的碱溶液中 21d 后筋体抗拉强度损失就达到了 30%。这表明混凝土环境提高了 GFRP 筋在碱环境中的耐久性。Ewan A Byars 等[157]进一步讨论了 GFRP 筋在潮湿混凝土环境中的侵蚀程度,并指明抗拉强度、弹性模量等可以作为混凝土环境中 GFRP 筋力学性能变化的度量指标。

Katz 等[158]将 GFRP 混凝土试件分别浸泡在 80℃水中 14d 和 84d,浸泡在 20℃水中 4.5 年,放置于大气环境中 84d 和 4.5 年。试验结果表明,在 20℃水中浸泡 4.5 年的 GFRP 筋抗拉强度指标有明显降低,而放置于大气环境中 4.5 年的 GFRP 筋抗拉强度则无明显变化。通过扫描电子显微镜(SEM)对 GFRP 筋表面进行微观分析,发现放置在热水中 84d 和浸泡 20℃水中 4.5 年的聚酰胺树脂(Polyester)聚合物 GFRP 筋比标准型乙烯基酯(Vinyl ester)聚合物 GFRP 筋表面侵蚀严重。

Robert 和 Benmokrane[159]团队对混凝土包裹环境下 GFRP 筋的耐久性能进行了一系列的试验,例如将试件分别浸泡在 23℃、40℃和 50℃的自来水环境中,待达到预定龄期后检测其力学特性、微观结构的变化特征,试验结果表明,混凝土环境下的 GFRP 筋和置于自来水环境中的 GFRP 筋比置于碱环境下的 GFRP 筋的影响小,这表明传统的将 GFRP 筋直接放入碱溶液中的加速老化实验过于苛刻,使得 GFRP 筋的力学性能过早地劣化,限制了其服役寿命期望值,使模型预测结果偏于保守。

Almusallam 等[160]将 24 根 GFRP 筋混凝土梁分为两组,每组 12 根梁(其中 6 根承受持续荷载并达到一定应力水平,另 6 根不承受持续荷载),分别放置在 40℃的自来水、海水中,时间分别为 4 个月、8 个月、16 个月。

Yi Chen 等[161]进一步将承受持续荷载的 GFRP 筋混凝土梁暴露于潮湿和高温环境(远低于聚合物玻璃软化温度)中。研究者针对两类 GFRP 筋、混凝土梁(包括裸筋、不受持续荷载梁、受持续荷载梁)在实验室环境、各种温度环境下暴露相应时间,研究其剩余强度特征。

Mufti 等[162]将用 E-glass 纤维和乙烯树脂合成的 GFRP 筋埋置在 4 座混凝土桥梁及 1 个港口混凝土结构中,待使用 5~8 年后取样并进行力学性能测试,试验结果表明,实际混凝土中的碱环境并未对 GFRP 筋的长期力学性能造成明显的损坏。

何雄君等[163]和 Bakis 等[164]将承受持续荷载作用下的 GFRP 筋混凝土梁试件分别放置在室外露天环境、室内环境(23±3℃、50%湿度）、冻融循环以及(60±2)℃的饱和 $Ca(OH)_2$ 溶液四种环境中浸泡，一年后卸载取出筋材试件进行抗拉试验。试验结果表明，由混凝土包裹环境（室外露天及室内放置）所造成的 GFRP 筋抗拉强度的退化率为 2.5%，饱和 $Ca(OH)_2$ 溶液浸泡环境中 GFRP 筋抗拉强度降低 17.0%，而处于冻融环境下混凝土试件中 GFRP 筋的抗拉强度仅降低 8%。

孙璨等[165]将 GFRP 筋分别放置在混凝土包裹环境和碱溶液（pH 值与实际混凝土孔隙液相同）环境下浸泡，对 GFRP 筋抗拉强度的发展变化进行了为期一年多的跟踪试验测试。试验结果表明，经历一年多的混凝土包裹环境下的 GFRP 筋抗拉强度衰减幅度不大，且明显小于同等 pH 值的碱溶液浸泡的 GFRP 筋。

对上述研究文献进行归纳总结后可以看出，将 GFRP 筋配置于混凝土环境中是近年来研究 GFRP 筋耐久性能的主要途径之一。按照是否承受持续荷载可以将试验分为两种类型，第一种是将 GFRP 筋配置在混凝土试件中，不受持续应力作用，这种试验研究配置于混凝土中的 GFRP 筋经受各种恶劣环境（如潮湿、碱性、氯化物、温度、紫外线等）对抗拉强度、弹性模量等力学指标的影响；第二种是将 GFRP 筋配置在混凝土试件中且同时承受持续荷载，这比第一种试验类型更加接近实际情况，这种实验研究 GFRP 筋混凝土梁承受持续荷载并达到某一应力水平时外界环境作用对 GFRP 筋抗拉强度的影响。

上述两部分试验研究均是在较为理想的状态下进行，但是却忽略了以下事实：处于正常服役状态下的 GFRP 筋混凝土梁不仅承受持续荷载，而且在非预应力状态时常带裂缝工作。目前国内外还未有涉及对承受持续应力同时带裂缝工作 GFRP 筋混凝土梁中 GFRP 筋抗拉性能的研究。

2.3.3　受荷状态

当 FRP 筋暴露在持续应力环境中时，抗拉强度会出现退化，这个结论已被相关文献证实。

Rajan Sen 等[168]将 GFRP 筋分为无应力和有应力两组试件，其中有应力组所施加的应力包括两种应力水平——极限应力的 10%和 25%，然后同时浸泡在碱溶液中，9 个月后发现无应力筋体抗拉强度下降了 63%；相比无应力 GFRP 筋，应力水平为 10%的试件强度退化率增加了 7%，应力水平为 25%的 GFRP 筋强度退化严重，均出现了断裂的现象。薛伟辰等[54]将不同应力水平 GFRP 筋浸泡在 60℃的碱溶液中 183d 后进行拉伸测试，试验结果表明，应力水平对 GFRP 筋抗拉强度有较大影响，应力水平为 25%的试件抗拉强度退化率较无应力试件相比增加了 6.8%，应力水平为 40%的 GFRP 筋则出现了断裂现象。Nkurunziza 等[169]将应力水平为 38%的 GFRP 筋浸泡在蒸馏水中，10000h 后抗拉强度下降 5.1%；而应力水平为 30%的 GFRP 筋在 70℃的蒸馏水中浸泡 2 个月后强度仅下降 4%。Almusallam 等[170]对混凝土梁中 GFRP 筋施加 20%～25%的持续荷载并将其浸泡在海水环境中进行试验研究，试验结果发现，应力水平对 GFRP 筋抗拉强度的影响较小，整个实验过程中，GFRP 筋的剩余抗拉强度始终保持在 96%以上。

从上述研究中可以发现，在针对 GFRP 筋处于持续荷载作用下耐久性的研究中，由于试验条件等客观因素限制，所施加荷载大多为轴向受拉荷载，而实际混凝土构件中 GFRP 筋直接承受轴向受拉荷载的案例较少，大部分构件特别是梁所承受的荷载主要是弯曲荷载。因此对持续弯曲荷载作用下 GFRP 筋耐久性的试验研究更具现实意义，可为 GFRP 筋混凝土结构耐久性设计和安全评估中提供较可靠的理论依据。

2.4　小　　结

在对国内外文献进行查阅和整理的基础上，本章对 FRP 材料耐久性试验方法、国内外研究进展以及耐久性理论研究进展等方面进行了较为详细的综述，并对现阶段仍然存在的问题进行了归纳和总结，概括如下：

①从 GFRP 筋耐久性研究途径来看，目前大部分针对 GFRP 筋在

碱环境中的耐久性试验主要是通过人工模拟混凝土孔隙液的强碱环境来进行考察，并在分析试验数据的基础上对其劣化机理及强度退化模型进行研究。而实际混凝土孔隙液的 pH 值与人工模拟强碱环境是有区别的，目前关于 GFRP 筋在实际混凝土环境中耐久性的研究成果还较少，特别是对于实际混凝土环境与持续荷载、温度等共同作用下 GFRP 筋力学性能退化规律的研究还未见报道。

②从已有 FRP 筋耐久性试验研究的环境可以看到，FRP 筋所处侵蚀环境大部分均为单一或双重因素环境。而实际 FRP 筋混凝土结构在服役过程中，往往同时承受多种因素的作用，并且还承受一定程度的持续荷载。这些影响因素叠加所产生的耦合效应会对 FRP 筋的长期力学性能产生较大的影响。

③目前已有的针对 FRP 筋耐久性的研究手段主要是从宏观角度研究侵蚀前后 FRP 筋力学性能变化规律，成果也仅停留在描述宏观试验现象层面；而从微观角度对侵蚀环境下 FRP 筋耐久性劣化机理的研究较少，对 FRP 筋力学性能在不同侵蚀环境下的退化机理也尚未达成共识。

④目前已有针对 FRP 筋抗拉强度退化规律的预测模型主要是基于 Fick 定律和 Arrhenius 方程对加速老化试验数据进行拟合分析得到，而 Fick 定律和 Arrhenius 方程的使用均需满足一定的前提假设，使得推导出的模型具有一定局限性；另外，考虑到材料组分的多样性和复杂性，预测模型还需进一步的修正和研究。

3　GFRP 筋基本力学与耐久性能试验研究

3.1　引　　言

正是由于 GFRP 筋具有轻质、高强的特点，并且和普通钢筋相比还具有无磁性、抗疲劳等额外的特性，使其在土木工程中具有良好的发展前景，在国外得到广泛应用，设计规范、施工规程和材料标准正在逐步完善，目前国内高性能 GFRP 筋的研发和投产也在逐步走向正轨。GFRP 筋的耐腐蚀性能优于普通钢筋，但并不代表 GFRP 筋不受腐蚀，只能说明在相同环境条件下，GFRP 筋的腐蚀程度更小，或力学性能退化机理与钢筋相比有所不同。另外，与传统建筑材料——钢筋相比，GFRP 筋在结构工程中的使用时间还太短，实际工程案例也相对较少，以至于现阶段还没有大量真实、可靠的工程数据来验证 GFRP 筋的耐久性能。

虽然国内外目前对 GFRP 筋材料抗拉性能开展了大量的研究，但是由于工厂中制作的筋体材质有较大的离散性，因此在开展耐久性试验之前应先确定 GFRP 筋的基本力学性能。本章基于混凝土结构用 FRP 筋试验方法[33]（ACI 440.3R—04）中规定的试验方法，对 GFRP 筋的基本力学性能以及碱、盐腐蚀环境下的耐久性能进行了较为系统的研究，主要分析了侵蚀溶液、环境温度、浸泡时间等因素对 GFRP 筋耐久性能的影响，以期了解 GFRP 筋的长期力学性能，对实际工程中的配筋起到指导作用。

3.2 GFRP 筋力学与耐久性能试验

3.2.1 试验材料

本章试验所用筋材由南京锋晖复合材料有限公司提供，筋材以无碱玻璃纤维(E-glass)为增强材料、乙烯基树脂(Vinyl ester)及固化剂为基体材料。筋体表面采用喷砂处理，外观呈乳白色，如图 3.1 所示。拉伸试验中包含三种不同纤维含量的 GFRP 筋，纤维和树脂基体配比见表 3.1。

图 3.1　试验用 GFRP 筋

表 3.1　GFRP 筋组分配比

试件编号	直径(mm)	纤维含量(%)	乙烯基树脂含量(%)
GFRP-72	10	72	28
GFRP-76	10	76	24
GFRP-80	10	80	20

考虑到市面上 GFRP 筋种类繁多，不同厂家生产质量参差不齐，且 GFRP 筋抗拉强度离散性较大，因此需对厂家提供的 GFRP 筋试件进行基本力学性能测试。为保证试验数据的可对比性，试验选取同一批次生产的 GFRP 筋进行拉伸试验，同时选取纤维含量为 80% 的 GFRP 筋进行耐久性能试验。

3.2.2 试验方法

GFRP 筋的性能主要体现在其较高的抗拉强度上，与其高强度的抗拉强度相比，其横向剪切强度和抗挤压强度都相对较低，通常不超过其抗拉强度的 10%。若拉伸试验中直接采用夹具将 GFRP 筋安装在夹头上，有可能出现因夹持力较小而产生滑移，或因夹持力过大导致试件在拉伸破坏之前端部便已发生剪切破坏，导致无法成功测定 GFRP 筋实际极限抗拉强度。为解决这个问题，本试验尝试采用钢套管黏结型锚具对筋体两端进行锚固，钢套管可以保护 GFRP 筋两端不被夹片夹坏，钢套管和 GFRP 筋之间用高强度环氧砂浆进行填充。通过增加 GFRP 筋与锚具之间的接触面积，减小试件表面的压应力，保证试件在受拉破坏之前不发生端部剪切破坏。

根据混凝土结构用 FRP 筋试验方法[33]（ACI 440.3R—04）中给出的试验要求，筋材标距长度不能小于 40 倍筋材直径。拉伸试件长 1100mm，直径为 10mm，取标距长度 $L_0=500$mm，锚固长度 $L_1=300$mm，图 3.2 为钢套管黏结型锚具设计尺寸示意图。钢套管外径为 20mm，壁厚 3mm，钢套管和锚固后的 GFRP 筋试件分别如图 3.3 和图 3.4 所示。

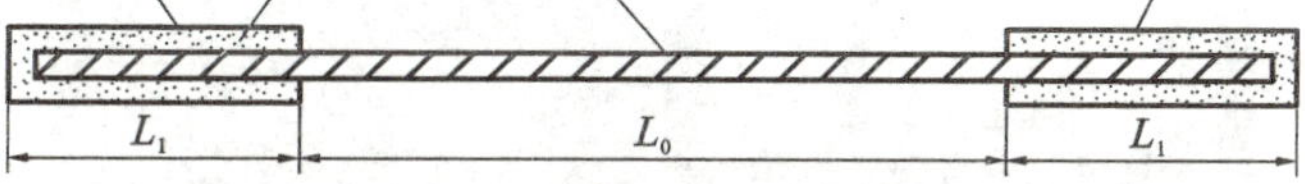

图 3.2 锚具尺寸示意图

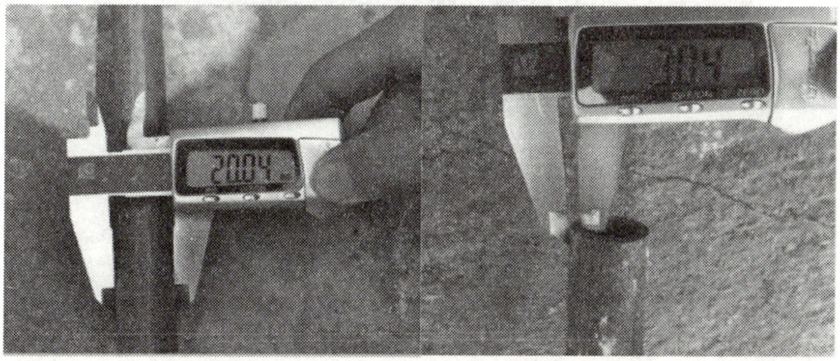

(a) (b)

图 3.3 钢套管尺寸

(a)外径；(b)壁厚

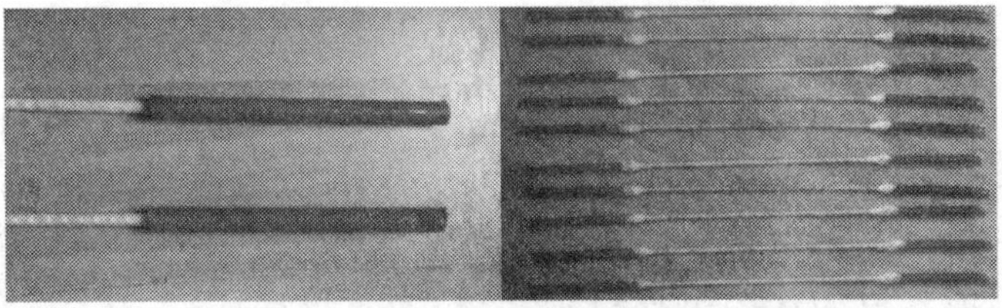

(a)　　(b)

图 3.4　锚固后的 GFRP 筋试件

(a)注胶式钢套管；(b)已锚固完成的试件

按照《拉挤玻璃纤维增强塑料杆拉伸性能试验方法》(GB/T 13096—2008)[175]对 GFRP 筋进行拉伸试验。拉伸试验采用 SHT4106-G 型微机控制电液伺服万能试验机进行，应变利用标距长度为 50mm 的引伸计进行同步测量。抗拉强度以 GFRP 筋标距内破坏为准，弹性模量以拉伸过程中应力-应变曲线内 20%～80%进行拟合得到。试验采用位移控制的加载方式，加载速率为 2 mm/min，直至试件破坏，实验数值由数据采集系统自动记录。拉伸试验如图 3.5 所示。

(a)　　(b)

图 3.5　电液伺服万能试验机及数据采集系统

(a)夹式引伸计；(b)拉伸试验装置

3.2.3　耐久性试验安排

3.2.3.1　试验参数

(1)侵蚀环境

由于本章试验用 GFRP 筋是由乙烯基树脂和 E-glass 纤维组合而

成，乙烯基树脂在酸环境中具有较好耐腐蚀性，同时由于 E-glass 纤维中的碱性离子含量较少，因此 E-glass 纤维的耐酸性能也较好，再对 GFRP 筋进行酸溶液下的耐久性试验意义不大，故本章侵蚀环境只选取盐和碱两种介质环境。

①碱环境

为模拟混凝土孔隙液强碱环境对 GFRP 筋的侵蚀情况，参照混凝土结构用 FRP 筋试验方法(ACI 440.3R—04)中要求，采用$Ca(OH)_2$、NaOH 和 KOH 的混合溶液配置成碱性侵蚀环境，溶液 pH 值控制在 12.5～13.5，保证与混凝土孔隙液 pH 值大致相同。溶液各组分配比见表 3.2。

表 3.2　模拟混凝土孔隙液各组分配比

溶液类型	1L 水所含溶质克数 (g/L)		
	$Ca(OH)_2$	NaOH	KOH
碱溶液	118.5	0.9	4.2

②盐环境

自然海水的 NaCl 浓度一般在 3%～3.5%之间，为模拟临海地区混凝土结构所处的海水环境，按表 3.3 所示配比配置人工海水，模拟盐溶液对 GFRP 筋的侵蚀情况。

表 3.3　模拟海水环境各组分配比

溶液类型	1L 水所含溶质克数 (g/L)				
	NaCl	$MgCl_2$	Na_2SO_4	$CaCl_2$	KCl
盐溶液	24.53	5.20	4.09	1.16	0.70

(2)环境温度

为了考察不同环境温度对 GFRP 筋侵蚀程度的影响，在参考相关文献的基础上，并结合自身试验条件，本章试验溶液温度分别选取 20℃、40℃、60℃。考虑到乙烯基树脂的玻璃转化温度为 90～100℃，为防止温度过高对筋体造成损伤，最高温度选取 60℃。另外，大量耐久性试验中均采用 20℃上下来模拟室温的温度，40℃是自然环境中极有可能出现的高温。

(3)浸泡龄期

根据文献[53][54]的研究成果，GFRP 筋在 60℃碱环境下浸泡 3.65d、18d、36.5d、92d、183d 时分别对应自然老化环境下 1 年、5 年、10 年、25 年和 50 年后的剩余抗拉强度。鉴于此，结合自身试验条件，同时为了方便取样，本章试验确定浸泡龄期分别为 4d、18d、37d、92d 和 183d，待达到相应浸泡龄期，取出试件进行吸湿性能和力学性能试验，并与未老化试件进行对比分析，在此基础上研究 GFRP 筋在盐、碱溶液中力学性能的退化规律以及各自的退化机理。

3.2.3.2　试验装置

(1)恒温装置

为模拟不同环境温度，本书采用苏州东华试验仪器有限公司生产的 SJY-Ⅱ型恒温水浴箱进行温控，恒温水浴箱如图 3.6 所示。考虑到盐、碱溶液会对恒温水浴箱内壁和箱底造成腐蚀，为避免此种情况的发生，本章试验将 GFRP 筋放置在耐高温塑料盆中，待加入盐、碱溶液后用塑料薄膜进行密封，不同腐蚀龄期 GFRP 筋试样放置在一个塑料盆中并编号，最后将密封好的塑料盆放入恒温水浴箱中。

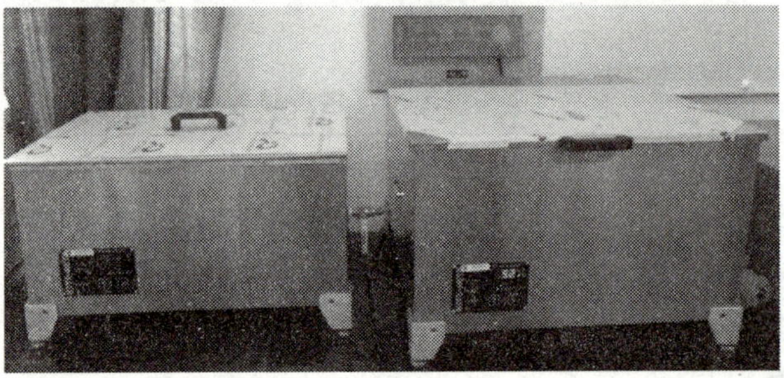

图 3.6　恒温水浴箱

(2)扫描电子显微镜(SEM)

为了从微观层次揭示 GFRP 筋抗拉强度退化机理，本书采用日本电子株式会社生产的 JSM-5610LV 型扫描电子显微镜(SEM)对腐蚀前后 GFRP 筋材的横、纵断面进行观察，如图 3.7 所示。试验样品为与拉伸试件相同龄期的短 GFRP 筋。SEM 观测时需要制作断面的薄片样品，直接切片后观察会引入很多的机械损伤，使得结果失真，故先用环氧树脂对 GFRP 筋进行嵌固，再切出所需要的横断面或纵断面的薄片，然后采用金相打磨机对表面进行打磨和抛光处理，除去切割造成的损伤层。

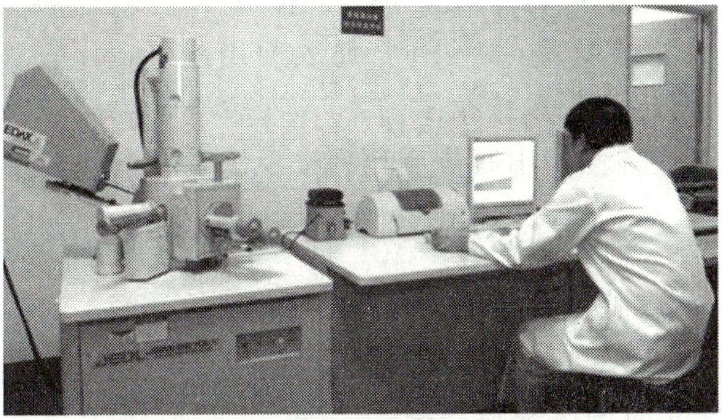

图 3.7 JSM-5610LV 型扫描电子显微镜

3.2.4 性能评价指标

(1)表观形貌

本试验中主要观察 GFRP 筋在不同环境中浸泡不同时间后的表观形貌的变化，进而评定不同侵蚀溶液对 GFRP 筋的侵蚀程度，以及环境温度、浸泡时间对 GFRP 筋侵蚀程度的影响。

(2)抗拉强度保留率

抗拉强度保留率为某一侵蚀时间 GFRP 筋抗拉强度值与初始抗拉强度之比。其表达式为：

$$Y = \frac{R_2}{R_1} \times 100\% \tag{3-1}$$

式中 Y——试件某一时间抗拉强度保留率；

R_1——试件的初始抗拉强度；

R_2——试件浸泡某一龄期的抗拉强度

(3)吸湿性能

吸湿性能是复合材料的一个重要性能，它直接影响着材料的耐久性能。FRP 材料的吸湿性能不仅与材料本身组分(例如树脂、纤维以及偶联剂等)有关，还受到浸泡时间、环境温度等外界因素的影响。

本章 GFRP 筋吸湿性能试验参照 ASTM D5229 中所述规定进行。试验用 GFRP 筋试件长 50mm，不同浸泡环境及腐蚀龄期试样个数为 4 个。将试样完全浸没在溶液中，待达到相应龄期后，取出试件放置在 80℃干燥室进行干燥处理，直至 GFRP 筋试样质量不再发生变化为止。试验结束后，将 GFRP 筋表面用滤纸擦干，然后立即用电子天平进行测量，天平单位精度为 0.001g。

GFRP 筋吸湿性能用质量变化率来反映，表达式如下：

$$M_t = \frac{W_t - W_0}{W_0} \times 100\% \tag{3-2}$$

式中 W_0——浸泡前试件质量；

W_t——浸泡 t 时刻后试件质量；

M_t——t 时刻试件吸湿率。

3.3 试验结果与分析

3.3.1 GFRP 筋力学性能

3.3.1.1 试验过程及破坏形态

在 GFRP 筋的拉伸试验过程中可以观察到，当加载到极限荷载的 20%～30%时，开始出现“噼啪”声，并且声音随着持续加载越来越明显。GFRP 筋继续加载到极限荷载的 60%～70%时，可听见部分纤维断裂和纤维剥离树脂的声音，此时纤维和树脂开始共同承担荷载。当加载至约 80%极限荷载时，纤维断裂和纤维剥离树脂的声音更加密集，试件随着一声巨响即刻失去承载能力而破坏。

图 3.8 为 GFRP 筋试件拉伸试验典型破坏形态，从试验破坏形态分析，可以分为以下几种情况：(1)GFRP 筋呈散射式条状破坏，同时分散出许多细小纤维，试验中大部分试件均为此种形式破坏；(2)筋体树脂拉裂，玻璃纤维部分被拉断，断面形成“劈裂”破坏形式；(3)GFRP

筋端部部分从锚具中拔出，荷载急剧下降，形成端部脱锚破坏。本书拉伸试验以 GFRP 筋标距范围内破坏为破坏准则，定义散射式破坏和劈裂破坏为有效破坏，如图 3.8(a)和图 3.8(b)所示；定义端部脱锚破坏为无效破坏，如图 3.8(c)所示，如发生无效破坏，则剔除相应实验数据，并补齐 5 个试件重做试验。

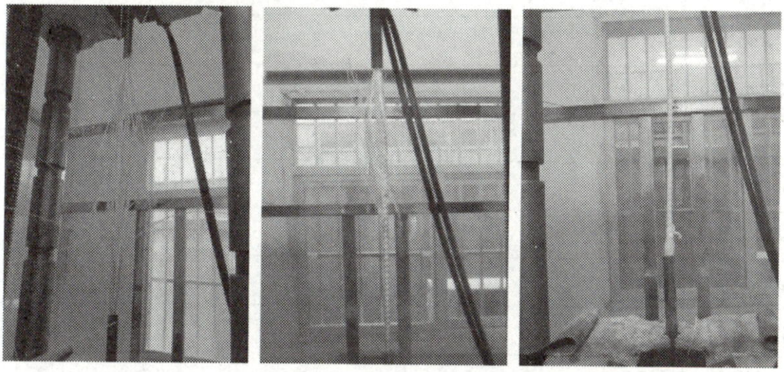

(a) (b) (c)

图 3.8 GFRP 筋典型破坏形态

(a)散射式破坏；(b)劈裂破坏；(c)端部脱锚破坏

3.3.1.2 拉伸试验结果及分析

各种纤维含量的 GFRP 筋试件均准备 7 根，每组数据采集 5 个样本(x_i，$i=1,2,3,4,5$)，取$\bar{x}=\sum x_i/5$，$\delta_i=|x_i-\bar{x}|$。本书采用格拉布斯法(Grubbs)剔除异常数据[166]，即 $\delta_i>1.94S$(剔错概率为 5%，S 为样本标准差)时剔除 x_i。将异常数据剔除后，补充试件重做试验，确保有效数据不低于 5 个，然后取数据的平均值，拉伸试验结果见表 3.4。

表 3.4 不同纤维含量 GFRP 筋抗拉试验结果

试件编号	直径(mm)	破坏荷载(kN)	抗拉强度(MPa)	弹性模量(GPa)	伸长率(%)
G72-1	10.0	68.8	876	43.2	1.233
G72-2	10.0	65.3	831	45.2	1.351
G72-3	9.8	70.9	903	44.3	1.521

续表 3.4

试件编号	直径（mm）	破坏荷载（kN）	抗拉强度（MPa）	弹性模量（GPa）	伸长率（%）
G72-4	9.9	70.1	893	43.6	1.614
G72-5	10.0	64.5	822	44.7	1.156
平均值	9.9	67.9	865	44.2	1.375
标准差	0.1	2.9	36.6	0.8	0.2
变异系数（%）	0.9	4.2	4.2	1.8	13.9
G76-1	9.9	72.2	919	46.2	1.324
G76-2	9.8	67.8	862	45.5	1.427
G76-3	10.1	79.9	1018	47.3	1.470
G76-4	10.0	76.3	972	46.6	1.216
G76-5	10.0	73.6	938	44.8	1.353
平均值	10.0	74.0	942	46.1	1.358
标准差	0.1	4.5	58.4	1.0	0.1
变异系数（%）	1.1	6.1	6.2	2.2	7.2
G80-1	10	91.5	1165	50.4	1.374
G80-2	10.2	94.1	1152	49.5	1.325
G80-3	9.8	95.0	1260	52.8	1.647
G80-4	9.8	96.9	1285	50.7	1.523
G80-5	10.0	98.4	1254	53.6	1.241
平均值	10.0	95.2	1223	51.4	1.422
标准差	0.2	2.6	86.0	1.7	0.2
变异系数（%）	1.7	2.8	7.6	3.3	11.4

注：表中 G72-1 表示纤维含量为 72%的 GFRP 筋第一个样本，其余依此类推。

将试验结果与厂商提供的数据进行比对，结果见表 3.5。可以发现，两者相差较小，说明厂商提供的数据较为可靠，能真实反映出 GFRP 筋的力学性能。从表中数据可以推断，玻璃纤[illegible]围内时，与 GFRP 筋抗拉强度大小成正比关系。当玻璃纤维含量较高时，GFRP 筋的拉伸强度和弹性模量均能达到一个较高的水平。

表 3.5 试验数据与厂家提供数据对比

筋材种类	数据来源	名义直径（mm）	极限荷载（kN）	抗拉强度（MPa）	弹性模量（GPa）
GFRP-72	厂家提供	10.0	60～75	800～920	>40
	试验数据	9.9	67.9	865	44.2
GFRP-76	厂家提供	10.0	70～94	900～1150	>43
	试验数据	10.0	74.0	942	46.1
GFRP-80	厂家提供	10.0	80～106	1100～1300	>46
	试验数据	10.0	95.2	1223	51.4

图 3.9～图 3.11 为三种不同纤维含量 GFRP 筋的应力-应变关系，从图中可见，三种不同纤维含量的 GFRP 筋应力-应变关系均呈线性弹性。由于 GFRP 筋无屈服点，在加载过程中没有明显的破坏征兆，属于脆性破坏，加载时部分纤维断裂，随着荷载的增加，断裂的纤维越来越多，最终被拉断。图 3.12 为纤维含量与抗拉强度和弹性模量之间的对应关系，可见，GFRP 筋的抗拉强度和弹性模量随着纤维含量的增加而提高，这种变化趋势与单向纤维复合材料性能理论是相符的。

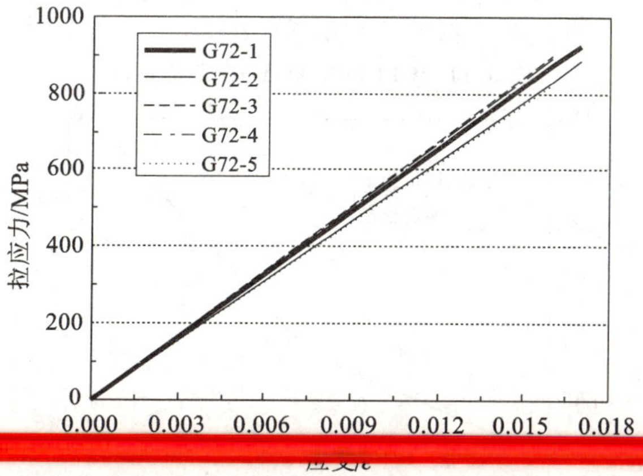

图 3.9 GFRP-72 筋应力-应变关系

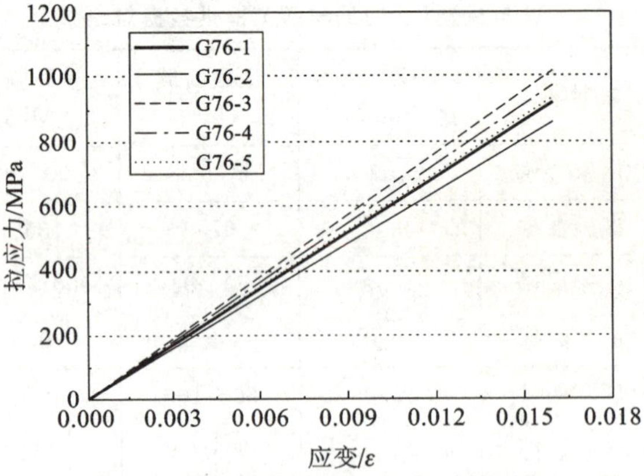

图 3.10 GFRP-76 筋应力-应变关系

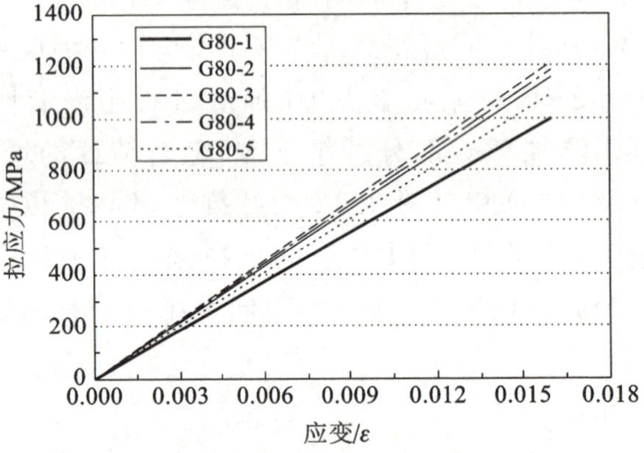

图 3.11 GFRP-80 筋应力-应变关系

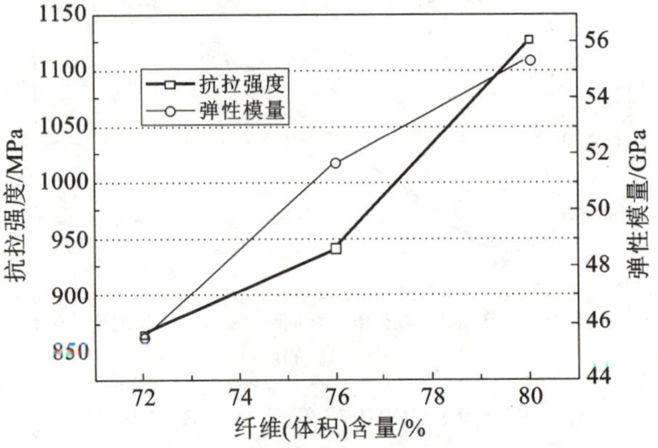

图 3.12 纤维含量对抗拉强度及弹性模量的影响

3.3.1.3 GFRP 筋拉伸破坏机理

单向纤维增强复合材料的纵向拉伸，其破坏往往始于材料的初始缺陷。当一根或数根纤维断裂而形成裂纹后，在其周围产生局部应力扰动，邻近纤维与基体受到此扰动而造成应力集中。当应力集中达到临界值时，纤维发生断裂，从而造成应力重新分布[180][181]。

Cox 于 1952 年在细观力学分析中首次引入剪切滞后模型，但是该模型仅考虑了单根纤维断裂后的应力分布，没有考虑其他邻近纤维的应力分布，因此不能分析应力集中问题。Hedgepeth 等[182]发展了 Cox 的模型，并对单向复合材料中多根纤维断裂后的应力集中值进行了预测，此模型基于以下六点假定：

①纤维是一维轴向应力传递实体；

②纤维只受拉力作用，只能沿轴向位移；

③纤维等间距排列；

④纤维和基体界面强结合；

⑤基体不能传递轴向拉力，仅传递剪力；

⑥纤维和基体界面剪切强度为常数。

该模型可以较好地描述纤维体积分数较大的单向复合材料中纤维断点周围的应力集中现象，其破坏机理如图 3.13 所示[183]。可见，正是由于这种剪力滞后现象，使得 GFRP 筋断口出现“灯笼状”。

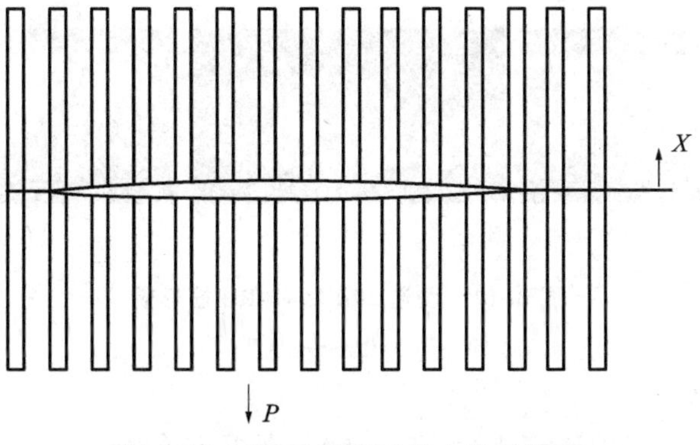

图 3.13 GFRP 筋断裂剪力滞后模型

3.3.2　GFRP 筋耐久性能

3.3.2.1　形貌特征

(1)表面形貌

图 3.14～图 3.19 分别给出了碱溶液浸泡前和浸泡 4d、18d、37d、92d、183d 后 GFRP 筋外观变化情况。

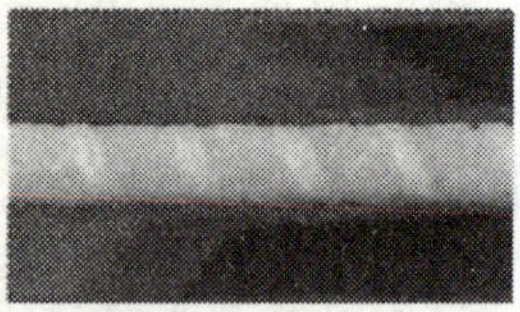

图 3.14　老化试验前 GFRP 筋形貌

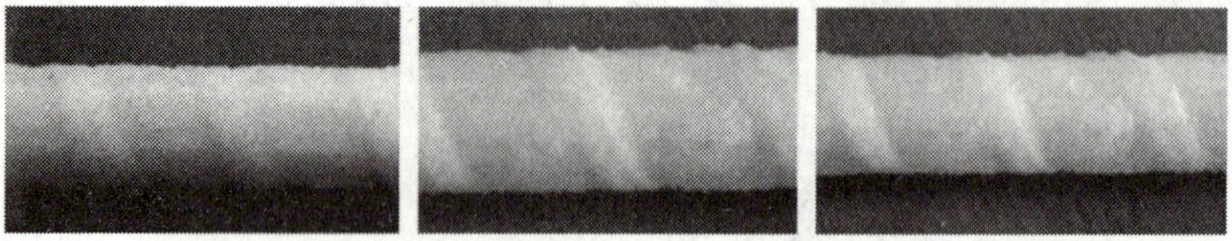

(a)　(b)　(c)

图 3.15　浸泡 4d 后 GFRP 筋形貌

(a)20℃;(b)40℃;(c)60℃

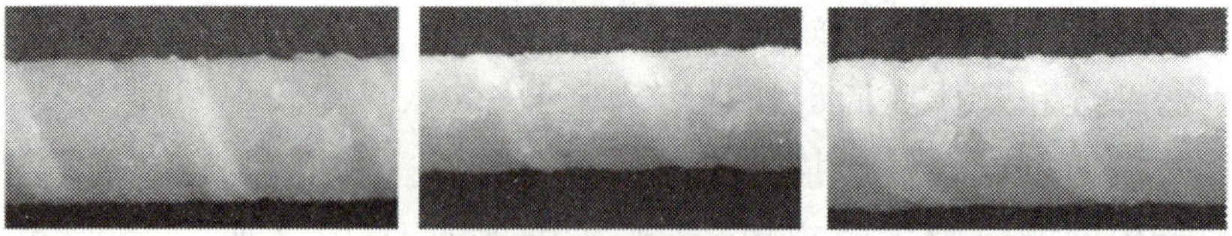

(a)　(b)　(c)

图 3.16　浸泡 18d 后 GFRP 筋形貌

(a)20℃;(b)40℃;(c)60℃

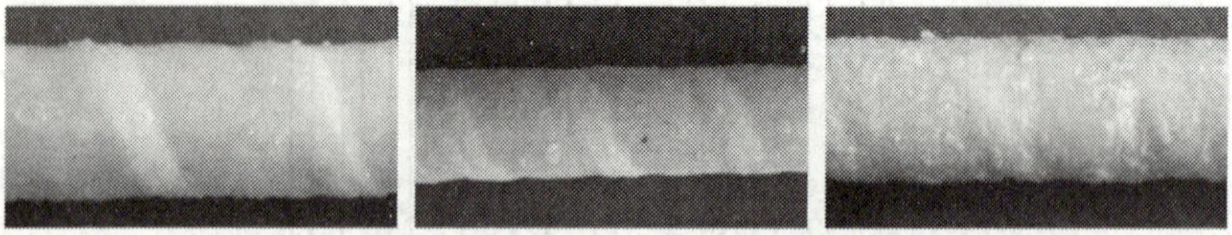

(a)　(b)　(c)

图 3.17　浸泡 37d 后 GFRP 筋形貌

由图可见：

①侵蚀前 GFRP 筋表面较为平滑，外界缠绕纤维清晰可见。腐蚀

(a) (b) (c)

图 3.18 浸泡 92d 后 GFRP 筋

(a)20℃;(b)40℃;(c)60℃

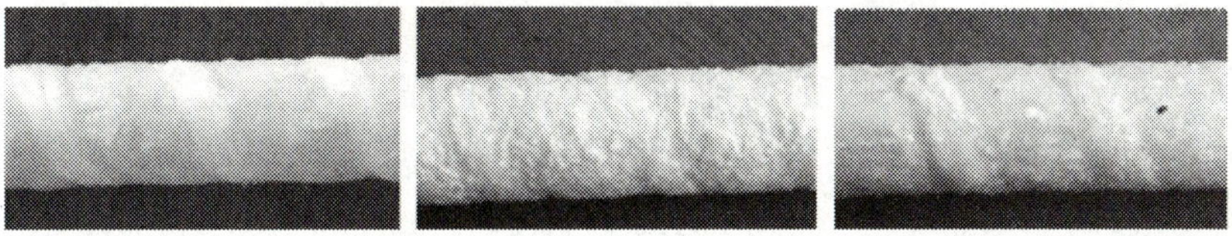

(a) (b) (c)

图 3.19 浸泡 183d 后 GFRP 筋

(a)20℃;(b)40℃;(c)60℃

后,GFRP 筋表面出现坑蚀现象,而且随着时间的增加,坑蚀现象愈加明显。这些坑蚀现象主要是由于筋体表面树脂与水分子发生水解反应所致。

②随着环境温度的升高,GFRP 筋表面的坑蚀现象愈加严重,部分 GFRP 筋纤维都已暴露出来。以浸泡 92d 为例,40℃环境中 GFRP 筋表面只有零星的坑蚀现象,而 60℃环境下的 GFRP 筋表面坑蚀现象与 40℃环境下的 GFRP 筋相比则更为明显,具体表现为坑蚀范围变大,同时坑蚀深度也有所增加。这表明温度的提高对 GFRP 筋树脂的水解反应起到了促进作用。

(2)微观结构形貌

材料宏观力学性能主要取决于微观结构层面上材料的成分及其结构特征。通过扫描电子显微镜对 GFRP 筋腐蚀前后微观结构的变化情况进行观测分析。图 3.20～图 3.30 分别给出了 GFRP 筋腐蚀前以及不同浸泡龄期 GFRP 筋试样的电子扫描显微镜照片。

由于 GFRP 筋经过碱腐蚀后,其表面较为松散,为了减小制样过程中的人为损伤,首先将试样封装在环氧树脂中,然后再对其进行切割和抛光处理,电子扫描显微镜照片中有较大空洞的部分为封装树脂。

图 3.20 所示为对照试件取样后局部断面放大 500 倍、2000 倍、1000 倍和 5000 倍的扫描电子显微镜照片。从图片中可清晰看到 GFRP 筋中玻璃纤维表面光滑，局部还带有少量白色的晶体，这是由于在制样的过程中切割和打磨工艺不甚精湛，残留了部分杂质。另外，GFRP 筋本身存在一定的初始缺陷，部分纤维和树脂之间有细微空洞和裂缝。

图 3.21～图 3.25 所示为碱溶液中分别浸泡 4d、18d、37d、92d 和 183d 后 GFRP 筋试件取样后的扫描电子显微镜照片。可以看到 GFRP 筋在 60℃碱溶液中浸泡 92d 后部分玻璃纤维与树脂之间出现了脱黏、分层的现象；随着浸泡时间的增加，脱黏现象更加明显，纤维和树脂间界面变得松散，部分纤维局部受到腐蚀；浸泡 183d 后，纤维与树脂间界面层脱黏更加严重，并且出现了明显的裂缝，部分纤维表面空洞清晰可见。

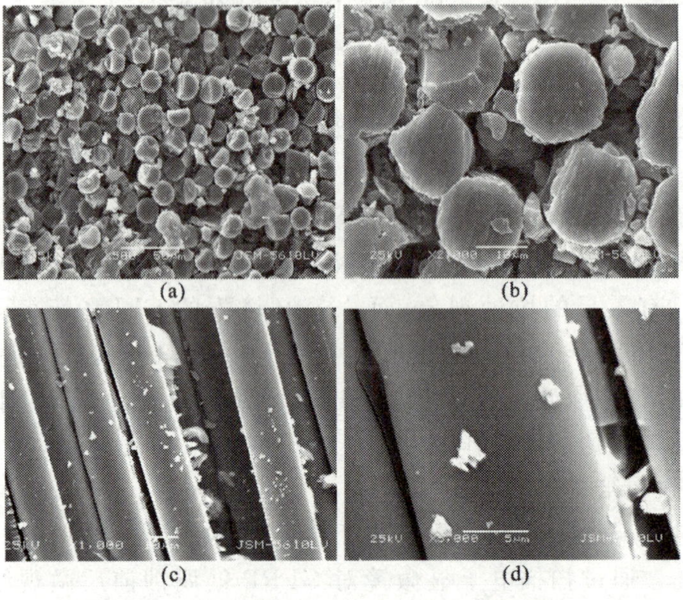

图 3.20 腐蚀前 GFRP 筋微观结构形貌

(a)500 倍；(b)2000 倍；(c)1000 倍；(d)5000 倍

图 3.26～图 3.30 所示为盐溶液中分别浸泡 4d、18d、37d、92d 和 183d 后 GFRP 筋试件取样后的扫描电子显微镜照片。从图中可以看出，处于盐溶液中浸泡后的 GFRP 筋中玻璃纤维与树脂也出现了脱黏现

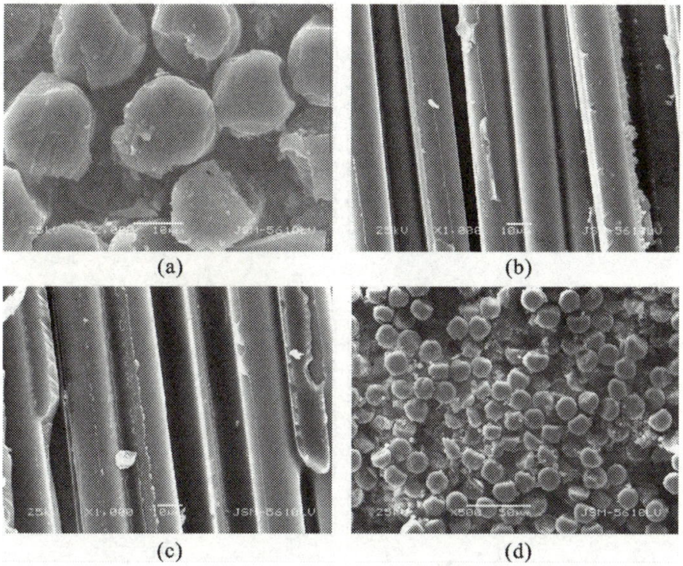

图 3.21　碱溶液中浸泡 4d 后 GFRP 筋微观形貌

(a)20℃—2000 倍;(b)40℃—1000 倍;(c)60℃—1000 倍;(d)60℃—500 倍

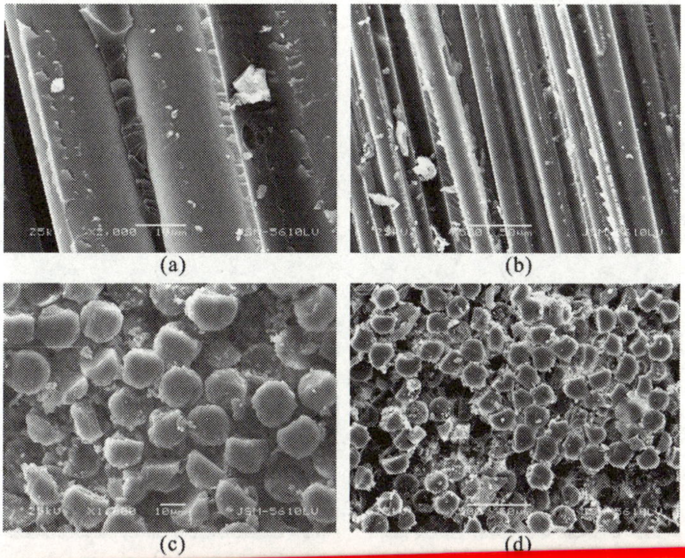

图 3.22　碱溶液中浸泡 18d 后 GFRP 筋微观形貌

(a)20℃—2000 倍;(b)40℃—500 倍;(c)60℃—1000 倍;(d)60℃—500 倍

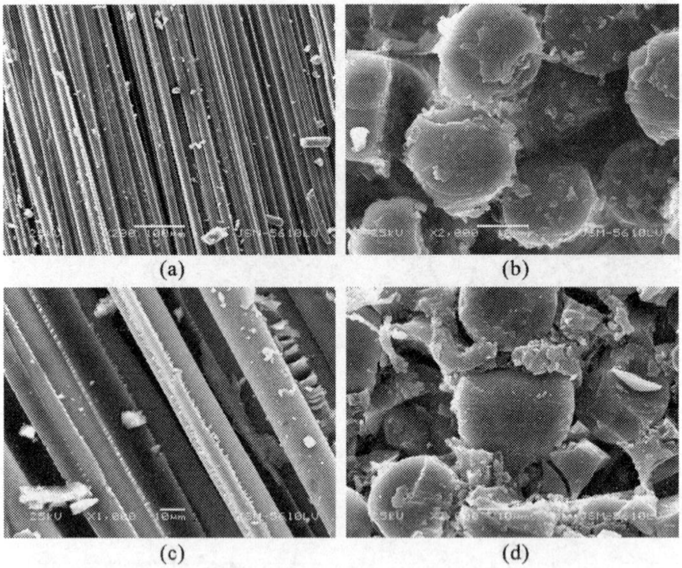

图 3.23　碱溶液中浸泡 37d 后 GFRP 筋微观形貌

(a)20℃—200 倍；(b)40℃—2000 倍；(c)60℃—1000 倍；(d)60℃—2000 倍

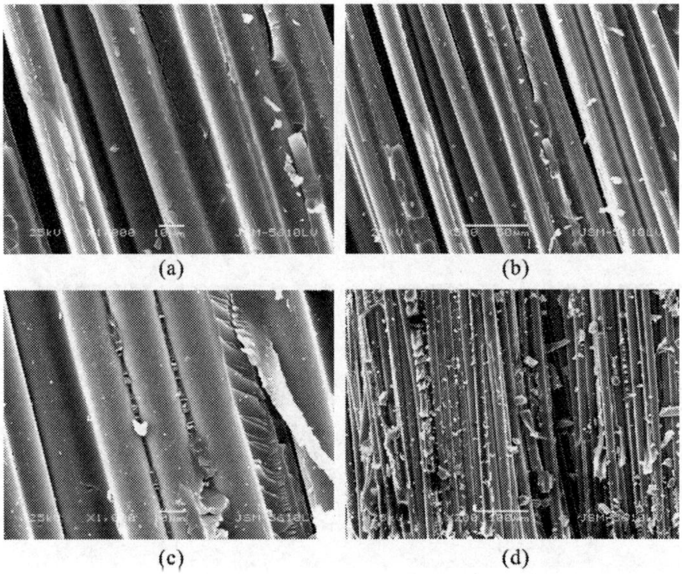

图 3.24　碱溶液中浸泡 92d 后 GFRP 筋微观形貌

(a)20℃—1000 倍；(b)40℃—500 倍；(c)60℃—1000 倍；(d)60℃—200 倍

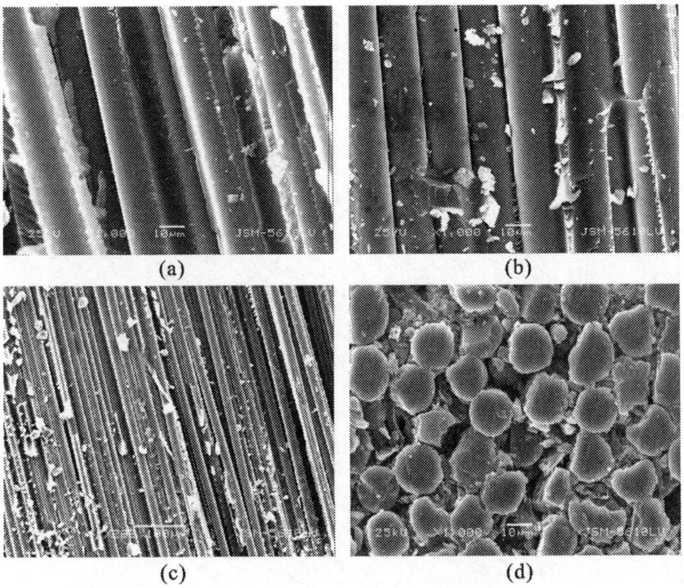

图 3.25 碱溶液中浸泡 183d 后 GFRP 筋微观形貌

(a)20℃—1000 倍;(b)40℃—1000 倍;(c)60℃—200 倍;(d)60℃—1000 倍

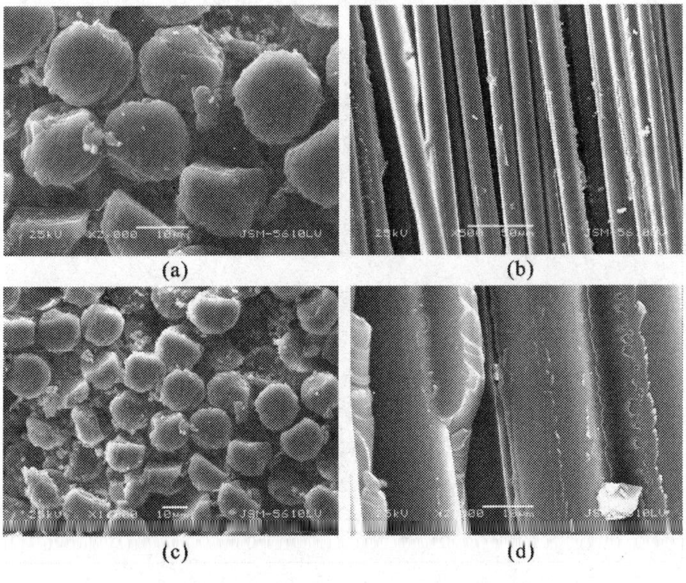

图 3.26 盐溶液中浸泡 4d 后 GFRP 筋微观形貌

(a)20℃—2000 倍;(b)40℃—500 倍;(c)60℃—1000 倍;(d)60℃—2000 倍

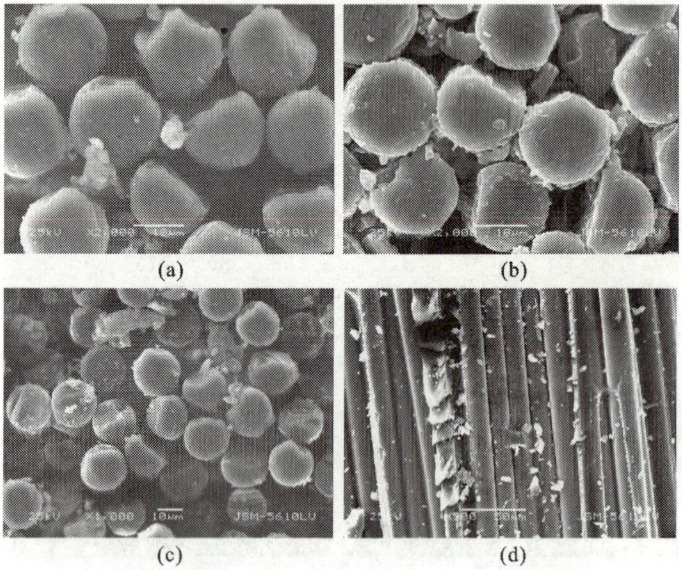

图 3.27　盐溶液中浸泡 18d 后 GFRP 筋微观形貌

(a)20℃—2000 倍；(b)40℃—2000 倍；(c)60℃—1000 倍；(d)60℃—500 倍

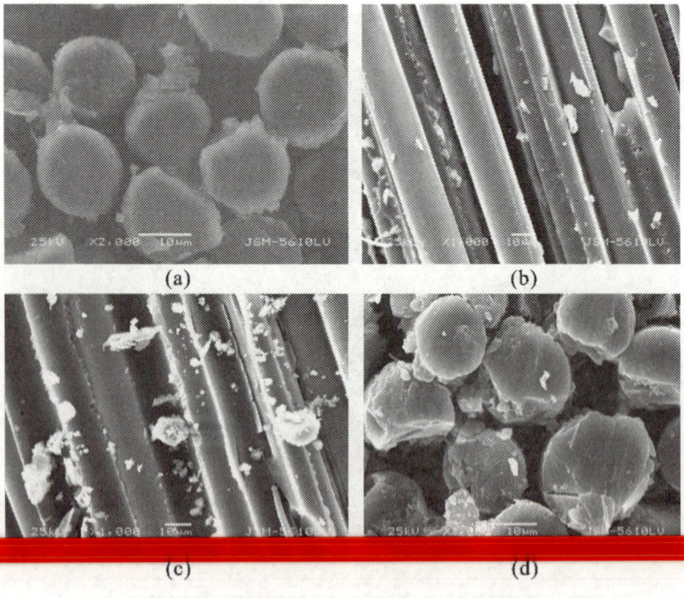

图 3.28　盐溶液中浸泡 37d 后 GFRP 筋微观形貌

(a)20℃—2000 倍；(b)40℃—1000 倍；(c)60℃—1000 倍；(d)60℃—2000 倍

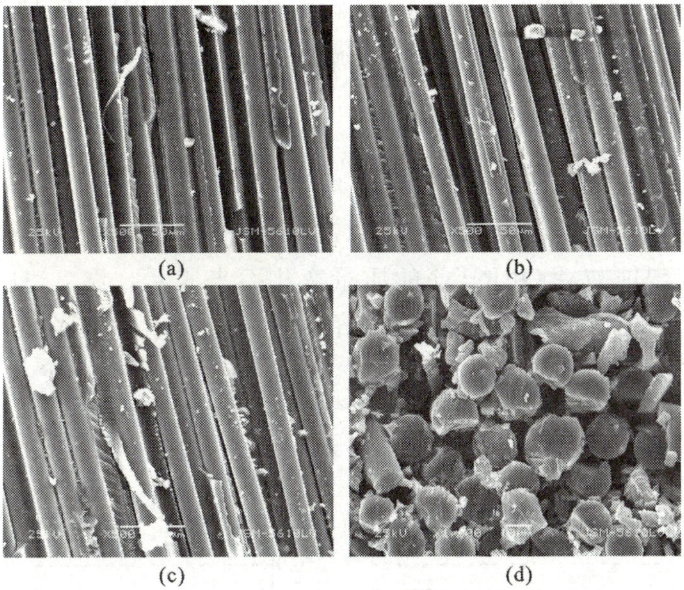

图 3.29 盐溶液中浸泡 92d 后 GFRP 筋微观形貌

(a)20℃—500 倍;(b)40℃—500 倍;(c)60℃—500 倍;(d)60℃—1000 倍

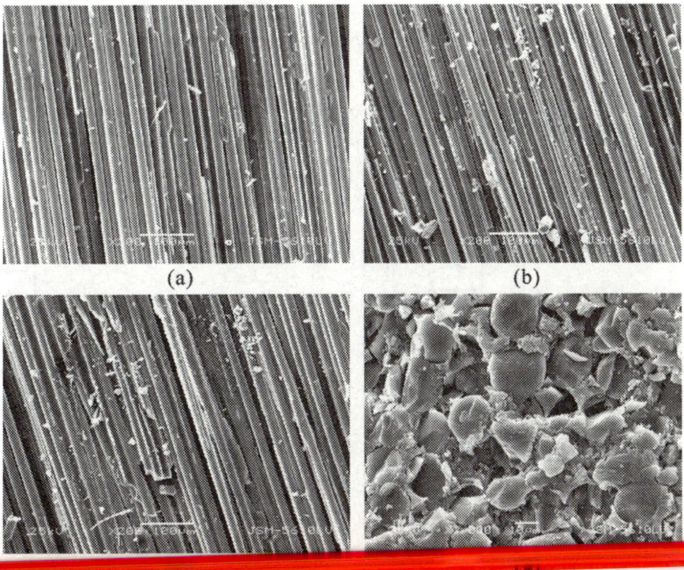

图 3.30 盐溶液中浸泡 183d 后 GFRP 筋微观形貌

(a)20℃—200 倍;(b)40℃—200 倍;(c)60℃—200 倍;(d)60℃—1000 倍

象。与碱溶液中类似，界面层的脱黏现象随着浸泡时间的增加也越来越明显，但退化程度与同龄期相同温度环境下碱溶液中的相比显得较为缓和。

3.3.2.2 吸湿性能

吸湿性能反映了侵蚀离子在 GFRP 筋中的扩散规律。吸湿性能通常采用侵蚀前后 GFRP 筋的质量变化率来表示。图 3.31、图 3.32 给出了 GFRP 筋试件在不同侵蚀溶液中不同浸泡龄期吸湿率随时间及时间平方根的变化规律。

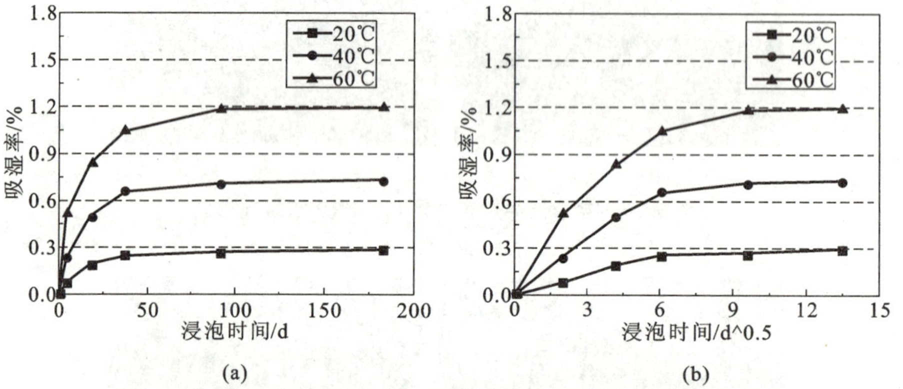

图 3.31 碱溶液中 GFRP 筋吸湿率变化曲线

(a)吸湿率随时间变化；(b)吸湿率随时间平方根变化

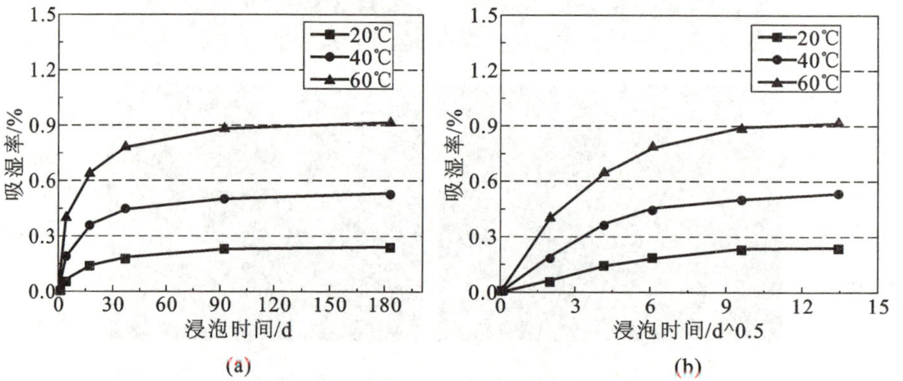

图 3.32 盐溶液中 GFRP 筋吸湿率变化曲线

(a)吸湿率随时间变化；(b)吸湿率随时间平方根变化

从图中可以看出，GFRP 筋在碱溶液和盐溶液中吸湿率随时间变化曲线较为相似，在浸泡初始阶段，筋材的吸湿率随时间平方根近似呈线性增加，随着浸泡时间的增加，吸湿率曲线逐渐变缓，直到 GFRP 筋吸湿率达到平衡状态，曲线趋于水平。这表明侵蚀离子在 GFRP 筋中的物理扩散过程基本符合 Fick 第二定律。Fick 第二定律可用式(3-2)表示[185]：

$$\frac{\partial M}{\partial t} = D\frac{\partial^2 M}{\partial r^2} \tag{3-2}$$

式中 M——试件吸湿率；

D——扩散系数，单位为 mm^2/s；

r——截面半径，单位为 mm；

t——吸湿时间，单位为 s。

温度对 GFRP 筋吸湿性能有较大影响。在 20℃、40℃、60℃的盐溶液中浸泡 183d 后，GFRP 筋的吸湿率分别为 0.28%、0.58%、0.91%。这主要是由于温度较低时，侵蚀离子在 GFRP 筋基体交联网络的跃迁运动受到限制。随着溶液温度的升高，水分子和侵蚀离子的能量也随之升高，在基体交联网络中的跃迁运动越来越强烈，水分子和侵蚀离子与 GFRP 筋发生化学反应的速率也随之增加，在筋材内部造成空隙导致了 GFRP 筋裂缝的产生，进而导致 GFRP 筋吸水性能的增强。

图 3.33 为 GFRP 筋在两种侵蚀溶液中吸湿率的对比曲线，可以发现，在相同温度、相同浸泡时间下，碱溶液环境中浸泡 GFRP 筋的吸湿率要大于盐溶液中浸泡的 GFRP 筋。这主要是由于受到了 OH^- 浓度的影响，树脂基体在吸湿过程中会产生溶胀现象，并且会部分地与 OH^- 发生化学反应，使得树脂-纤维界面层之间产生脱黏现象，OH^- 继而与玻璃纤维发生刻蚀反应，导致纤维表面出现孔洞和微裂纹，碱性介质便会继续向 GFRP 筋内部渗透，而高浓度 OH^- [illegible]使其平衡吸湿率得到提高。

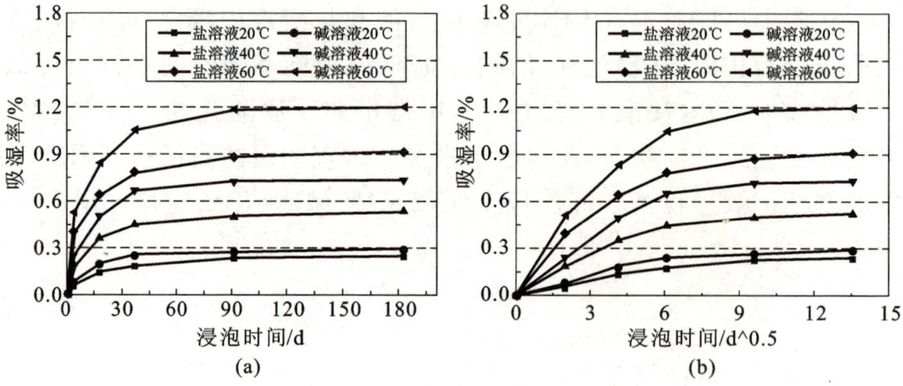

图 3.33 两种侵蚀环境吸湿率对比

(a)吸湿率随时间变化；(b)吸湿率随时间平方根变化

3.3.2.3 抗拉性能

(1)碱溶液环境

GFRP 筋在碱溶液中腐蚀试验的结果见表 3.6。

表 3.6 GFRP 筋在碱溶液中不同浸泡龄期的抗拉性能

环境类型	温度(℃)	浸泡时间(d)	抗拉强度(MPa)			抗拉弹性模量(GPa)		
			平均值	保留率(%)	变异系数(%)	平均值	保留率(%)	变异系数(%)
初始 GFRP 筋			1223	100	1.67	51.7	100	0.64
碱溶液	20	4	1167	95.4	1.81	51.3	99.2	0.28
		18	1103	90.2	2.13	50.8	98.2	0.46
		37	1032	84.4	0.86	50.4	97.4	0.42
		92	969	79.2	3.38	50.6	97.8	0.58
		183	947	77.4	3.41	50.7	98.1	0.63
	40	4	1129	92.3	1.25	51.4	99.4	0.70
		18	1057	86.4	3.77	50.4	97.4	0.74
		37	956	78.2	2.28	51.9	100.3	1.46
		92	911	74.5	2.56	53.0	102.6	0.85
		183	835	68.3	1.83	51.5	99.6	1.62
	60	4	1082	88.5	1.92	52.0	100.5	1.12
		18	986	80.6	2.87	52.4	101.4	0.76
		37	898	73.4	4.34	52.8	102.1	0.64
		92	804	65.7	3.96	51.4	99.5	1.30
		183	687	56.2	4.56	50.9	98.4	1.46

表 3.6 所示为 GFRP 筋在碱溶液中的抗拉强度和抗拉弹性模量。由表中结果可以看出，随着腐蚀时间的增加，GFRP 筋的抗拉强度和抗拉弹性模量均表现出降低的趋势。在 20℃、40℃、60℃的碱溶液中浸泡 183d 后，GFRP 筋的抗拉强度分别下降了 22.6%、31.7%和 43.8%。这表明环境温度的升高对 GFRP 筋抗拉强度的降低起到了一定的促进作用，且温度越高，促进的效果越明显。造成这种趋势的原因可能是随着碱溶液温度的升高，溶液中 OH^- 运动速度加快，加速了 GFRP 筋中玻璃纤维与 OH^- 的化学反应，加快了玻璃纤维被腐蚀的程度，从而导致 GFRP 筋抗拉强度的不断退化。

在 20℃碱溶液环境中浸泡 4d、18d、37d、92d 和 183d 后，GFRP 筋试件的抗拉强度分别降低了 4.6%、9.8%、15.6%、20.8%、22.6%。与 20℃碱溶液环境中 GFRP 筋的抗拉强度退化率相比，40℃碱溶液环境中其退化率分别增加了 3.1%、3.8%、6.2%、4.7%和 9.1%；60℃碱溶液环境下 GFRP 筋抗拉强度退化率分别增加了 6.9%、9.6%、11.0%、13.5%和 21.2%。这表明，与 20℃和 40℃相比，60℃碱溶液中 GFRP 筋的抗拉强度衰减量更大。

碱溶液不同温度下 GFRP 筋抗拉性能随时间的变化规律如图 3.34 所示。

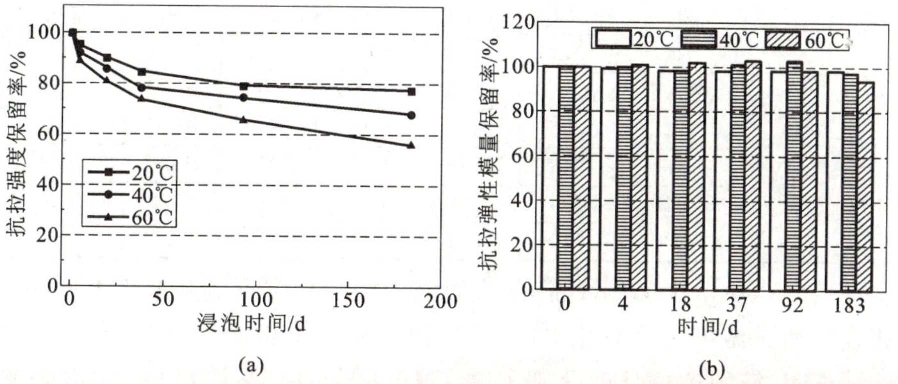

图 3.34 碱溶液中不同温度下 GFRP 筋抗拉性能随时间变化规律

(a)抗拉强度；(b)抗拉弹性模量

从图中可以看出，GFRP 筋抗拉强度在浸泡初期退化较快，37d 之后退化幅度逐渐趋于缓和。碱溶液温度的升高对 GFRP 筋抗拉弹性模量无显著的影响，部分 GFRP 筋试件甚至出现了抗拉弹性模量增加的现象。在 20℃、40℃和 60℃碱溶液中浸泡 183d 后，GFRP 筋的抗拉弹性模量分别下降了 2.0%、3.4%和 6.6%。抗拉弹性模量的衰减量在整个试验过程中不超过 7%。

(2)盐溶液环境

GFRP 筋在盐溶液中腐蚀试验结果见表 3.7。

表 3.7　GFRP 筋在盐溶液中不同浸泡龄期的抗拉性能

环境类型	温度(℃)	浸泡时间(d)	抗拉强度(MPa)			抗拉弹性模量(GPa)		
			平均值	保留率(%)	变异系数(%)	平均值	保留率(%)	变异系数(%)
初始 GFRP 筋			1223	100	1.67	51.7	100	0.64
盐溶液	20	4	1190	97.3	0.58	50.4	97.4	0.35
		18	1152	94.2	1.54	50.0	96.7	0.42
		37	1098	89.8	3.07	49.7	96.2	0.22
		92	1021	83.5	3.52	50.5	97.6	0.40
		183	987	80.7	1.10	51.3	99.2	0.53
	40	4	1151	94.1	1.33	52.8	102.2	0.58
		18	1106	90.4	1.86	53.5	103.4	0.62
		37	1043	85.3	3.75	54.0	104.5	0.75
		92	961	78.6	2.62	53.0	102.5	0.65
		183	901	73.7	3.82	53.6	103.6	1.26
	60	4	1130	92.4	3.35	52.5	101.6	0.78
		18	1035	84.6	4.60	52.9	102.3	0.83
		37	948	77.5	4.85	53.1	102.8	0.74
		92	839	68.6	3.22	51.4	99.5	1.10
		183	775	63.4	3.57	52.8	102.1	1.32

表 3.7 所示为 GFRP 筋在盐溶液中的抗拉强度和抗拉弹性模量。从表中所示结果可以看出，在 20℃、40℃和 60℃的盐溶液中浸泡 183d 后，GFRP 筋的抗拉强度分别下降了 19.3%、26.3%、36.6%。这表明盐溶液环境中温度的升高对 GFRP 筋抗拉强度的降低有一定影响，原因可能是随着盐溶液温度的升高，加速了 GFRP 筋中树脂的水解程度，导致树脂与纤维之间的黏结力变弱，从而导致 GFRP 筋抗拉强度

的不断退化。

在 20℃盐溶液环境中浸泡 4d、18d、37d、92d 和 183d 后，GFRP 筋试件的抗拉强度分别降低了 2.7%、5.8%、10.2%、16.5%和 19.3%。与 20℃盐溶液环境中 GFRP 筋的抗拉强度退化率相比，40℃盐溶液环境中其退化率分别增加了 3.2%、3.8%、4.5%、4.9%和 7.0%；60℃相同环境下 GFRP 筋抗拉强度退化率分别增加了 4.9%、9.6%、12.3%、14.9%和 17.3%。这表明，与 20℃和 40℃相比，60℃盐溶液环境对 GFRP 筋的抗拉强度衰减量影响更大。

盐溶液中不同温度下 GFRP 筋抗拉性能随时间的变化规律如图 3.35 所示。

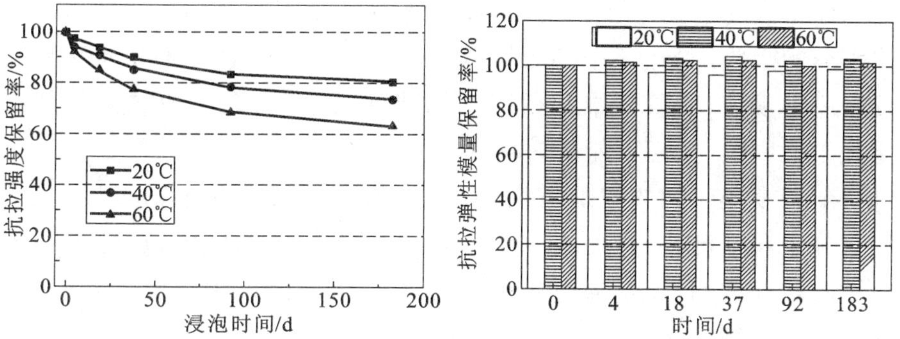

(a) (b)

图 3.35 盐溶液中不同温度下 GFRP 筋抗拉性能随时间变化规律

(a)抗拉强度；(b)抗拉弹性模量

从图中可见，GFRP 筋抗拉强度在盐溶液浸泡初期退化较快，37d 之后下降幅度逐渐变缓。在 20℃、40℃、60℃盐溶液中浸泡 183d 后，GFRP 筋的抗拉弹性模量分别下降了 0.8%、−3.6%和−2.1%(注："−"代表上升)。这表明盐溶液及其环境温度升高对抗拉弹性模量的影响不明显，部分 GFRP 筋试件甚至出现了抗拉弹性模量增加的现象。

3.3.2.4 退化机理

GFRP 筋由玻璃纤维和树脂基体两种组分结合而成，每种组分各司其职。其中玻璃纤维主要负责承担外界荷载，树脂则起保护和约束玻璃纤维的作用，同时保证纤维之间能进行有效的应力传递，使得纤维能够协同工作、共同承担荷载。因此，玻璃纤维受到腐蚀或损失会直接影响到 GFRP 筋的抗拉强度，而树脂的溶胀现象和水解反应均会削弱其对玻璃纤维的保护和约束，从而间接地导致 GFRP 筋抗拉性能的退化。

(1)碱环境中 GFRP 筋退化机理

模拟混凝土孔隙液的碱环境由 $Ca(OH)_2$、NaOH、KOH 和水按照一定比例配置而成，pH 值为 12.5～13.5，属于强碱环境。溶液中包含大量 OH^- 和水分子，会对 GFRP 筋力学性能造成较大影响。

在碱溶液中浸泡初期，GFRP 筋表层乙烯基树脂吸水产生溶胀，这种物理作用使得界面层产生径向拉应力，外加渗透压的作用最终导致基体微裂缝的萌生和扩展，而微裂缝的出现将会进一步促进树脂基体水分的吸收。当溶胀发生到一定程度时，就会引起纤维和树脂界面发生脱黏现象，使得纤维和树脂之间传递荷载、协同受力的工作状态受到较大影响，从而不能有效传递应力。

随着浸泡时间的增加，树脂基体中的微裂纹也在不断发展，更多的水分子和 OH^- 通过毛细运动沿着微裂缝进入基体中，这样不仅会使树脂塑性增加，还会通过扩散和渗透作用向内层树脂渗入，同时与树脂发生水解反应，反应过程如下：

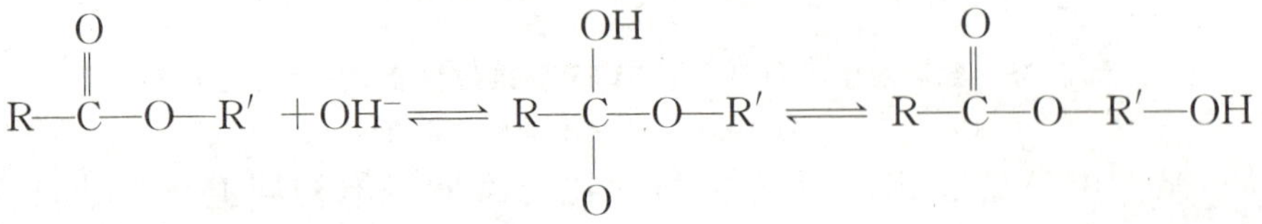

(3-3)

当水分子和 OH^- 离子扩散和渗透到纤维表面时，均会与 SiO_2 发生化学反应，反应过程如式(3-4)和式(3-5)所示。腐蚀反应致使 Si—O 键断裂，SiO_2 网络骨架受到破坏，纤维表面出现裂缝和损伤，最终导致 GFRP 筋抗拉强度的降低。

$$Si—O—Si + OH \text{[illegible]} \tag{3-4}$$

$$Si—O^- + H_2O \longrightarrow Si—OH + OH^- \tag{3-5}$$

综上所述，GFRP 筋抗拉性能在碱环境中的退化可以分为两个过程，一方面是 GFRP 筋树脂基体在水分子的渗透和扩散作用下发生了水解反应，在树脂内部萌生裂纹，随着水解反应的进行，裂纹逐渐扩展并最终导致界面层发生分层和脱黏破坏；另一方面是筋体内部玻璃纤维与溶液中 OH^- 的化学反应也在进行，反应会使得 SiO_2 网络骨架受损。树脂的水解以及 SiO_2 骨架的受损共同导致了 GFRP 筋抗拉性能的退化。

(2)盐环境中 GFRP 筋退化机理

GFRP 筋在盐环境中的退化机理与在碱环境中类似，首先水分子与乙烯基树脂发生水解反应，反应式同式(3-3)，由该式可知，水解反应后生成了少量 OH^-，使得溶液呈弱碱性。树脂的溶胀会促进微裂纹的形成，当发展到一定程度后便会导致界面层的脱黏破坏，树脂水解产生的 OH^- 会与 SiO_2 反应，导致 Si—O 键断裂，其化学反应式同式(3-4)和式(3-5)。

因此，GFRP 筋在盐环境中的退化过程实际上也可以分为两个部分：一部分是基体吸水产生溶胀并部分发生水解，导致界面层发生脱黏破坏；另一部分是树脂基体水解产物 OH^- 与玻璃纤维发生化学反应，造成纤维的腐蚀溶解。但是由于树脂基体水解产生的 OH^- 浓度很小，因此树脂吸水产生溶胀应力带来的基体开裂及水解反应是导致 GFRP 筋在盐环境下退化的主要原因。文献[170]、[186]通过试验也发现盐环境下 GFRP 筋抗拉性能的退化程度与环境温度相同淡水环境中的接近。

(3)两种环境下退化机理对比

通过上述分析可知，GFRP 筋在碱溶液和盐溶液环境中抗拉强度退化机理较为类似，均是在水分子和 OH^- 共同作用下的结果。唯一的区别便是 OH^- 浓度不同，老化试验中所配置碱溶液 pH 值达 12.5～13.5，属于强碱环境，溶液中 OH^- 浓度大于 1.0×10^{-2} mol/L；而盐溶液中的 OH^- 主要是由树脂发生水解反应产生，其浓度在 1.0×10^{-6} mol/L 左右，仅为碱溶液中 OH^- 浓度的万分之一。与盐溶液环境相比，碱溶液环境对 GFRP 筋所造成的腐蚀更严重，退化速度也更快，造成这一差距主要是由于碱溶液中 OH^- 浓度大，反应物充分，化学反应的速率也较快。

3.4 小　结

本章通过对 GFRP 筋基本力学性能和耐久性试验的研究，得出了以下结论：

①GFRP 筋的拉伸破坏为脆性破坏，应力-应变关系破坏前基本呈线性变化，加速老化试验后 GFRP 筋的破坏形态与老化前材料性能试验试件类似，并没有发生明显改变。

②在 20℃、40℃和 60℃碱、盐溶液中浸泡 183d 后，GFRP 筋的抗拉强度出现了不同程度的退化。盐溶液中 GFRP 筋抗拉强度分别下降了 19.3%、26.3%、36.6%；相比盐溶液，GFRP 筋在碱溶液中抗拉强度的退化程度更为明显，分别下降了 22.6%、31.7%、43.8%；溶液类型、环境温度以及老化时间等因素对 GFRP 筋抗拉弹性模量的影响并不显著。

③当浸泡时间较短时，在浸泡初始阶段，筋材的吸湿率随时间平方根近似呈线性增加，随着浸泡时间的增加，吸湿率曲线逐渐变缓，直到 GFRP 筋吸湿率达到平衡状态，最终吸湿率曲线趋于水平。侵蚀介质在 GFRP 筋中的物理扩散过程基本符合 Fick 第二扩散定律。

④通过扫描电子显微镜对筋体微观结构进行观测可以发现，在浸泡之前，GFRP 筋中纤维和树脂结合较为紧密；加速老化试验后，筋体纤维与树脂之间的界面变得松散，局部出现了分层的迹象；随着环境温度的升高，分层现象愈加明显。

⑤GFRP 筋在碱溶液和盐溶液中的退化机理较为相似，但在相同环境温度、相同浸泡时间等条件下，碱溶液环境对 GFRP 筋的侵蚀程度要大于盐溶液。这主要是由于两种侵蚀溶液中 OH^- 浓度不同所致，碱溶液 pH 值达 12.5～13.5，属于强碱环境，溶液中 OH^- 浓度大于 1.0×10^{-2}mol/L；而盐溶液中的 OH^- 主要是[illegible]解反应产生，其浓度在 1.0×10^{-6}mol/L 左右，仅为碱溶液中 OH^- 浓度的万分之一。OH^- 浓度越大，玻璃纤维受腐蚀的速度越快。

4 弯曲荷载与环境耦合作用下混凝土梁中GFRP筋抗拉性能试验研究

4.1 引　言

目前，国内外针对FRP筋在腐蚀环境中耐久性能进行了大量的试验研究，并且取得了丰富的试验数据和研究成果，但绝大多数试验研究多是从裸筋层次和人工配置模拟混凝土孔隙液碱环境两个方面展开。然而GFRP筋作为一种理想的钢筋替代品，在实际工程中通常是布置在混凝土环境内部。随着试验研究的深入，不难发现真实混凝土环境与加速老化试验中所采用的人工模拟混凝土孔隙液的强碱环境存在一定差异，虽然试验初期可以保证两种环境的pH值相同，但是前者随着混凝土的硬化、碳化过程以及自由水的蒸发，其pH值会逐渐发生变化，并不是一个恒定的常数；而后者pH值基本保持恒定。同时也有不少学者专家指出[162][187]，将FRP筋直接浸泡在强腐蚀性溶液中比实际服役混凝土环境更加恶劣，利用溶液浸泡所得加速老化试验数据对FRP进行服役寿命预测会偏于保守。除此之外，实际GFRP筋混凝土构件在服役过程中，通常都承受着一定程度的荷载。当混凝土构件承受弯曲荷载时会导致混凝土构件受拉区产生微裂缝，这些微裂缝为外部侵蚀环境腐蚀GFRP筋提供了额外的途径，从而间接地对GFRP筋的抗拉性能造成了进一步的损伤。已有的结论和成果并没有真实反映GFRP筋混凝土构件所处的状态，因此，研究持续荷载与环境共同作用下带裂缝工作混凝土梁中GFRP筋力学性能的退化规律及其耐久性能很有必要，可为GFRP筋在土木工程中的实际应用提供可靠的数据参考。

本章对处于实际服役混凝土环境下GFRP筋的抗拉性能的退化

规律进行了较为系统的研究，重点分析了混凝土环境包裹、溶液类型（碱溶液和自来水）、环境温度（20℃、40℃、60℃）、持续弯曲荷载水平（0、25%）、工作裂缝、侵蚀时间（40d、90d、180d、300d）等因素对 GFRP 筋耐久性能的影响。同时结合扫描电子显微镜（SEM）和差示扫描量热法（DSC）等手段从微观角度对老化试验前后 GFRP 筋进行观察与分析，在此基础上对实际混凝土环境中 GFRP 筋抗拉强度的退化机理进行了研究。

4.2　试验设计

4.2.1　试件设计

4.2.1.1　GFRP 筋混凝土梁试件

在混凝土结构中，GFRP 筋通常是作为加强筋被混凝土所包裹。由于混凝土孔隙液呈强碱性，会对 GFRP 筋的力学性能的退化产生一定的影响，为了得到真实混凝土环境中 GFRP 筋力学性能的退化规律，将 GFRP 筋埋置在混凝土梁中，并放置在不同老化环境下进行耐久性试验。

为保证试验数据的可比性，本章试验采用的 GFRP 筋与第 3 章耐久性试验所用为同一批次生产，混凝土采用水灰比为 0.45 的配合比进行浇筑，配合比见表 4.1。

表 4.1　混凝土配合比设计

成分	水泥	细砂	粗骨料	水
质量(kg)	422	600	1120	190

根据对以往研究者关于包裹混凝土环境中 FRP 筋耐久性试验方案的分析，并结合自身的试验条件，确定混凝土梁试件截面尺寸为 110mm×80mm，长 1100mm。考虑到 GFRP 筋混凝土梁试件在承受外部荷载时中和轴以上受压、以下受拉，为使混凝土试件整体抗弯性

能达到最优，结合GFRP筋较高的抗拉性能，只在混凝土梁的底部受拉区布置一根纵向GFRP筋。GFRP筋混凝土梁的尺寸及GFRP筋布置情况如图4.1所示。

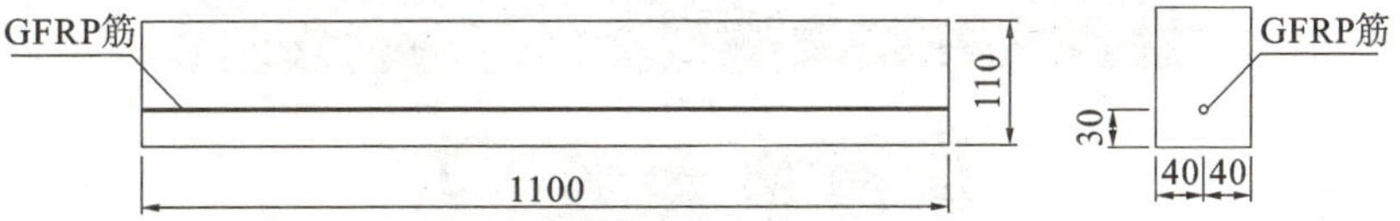

图4.1 混凝土试件尺寸及GFRP筋布置图(单位为mm)

为控制后期持续弯曲荷载作用下GFRP筋的拉应变，在浇筑混凝土之前先将应变片粘贴在GFRP筋表面，两片应变片相距跨中截面各50mm，以得到跨中截面GFRP筋的平均拉应变。粘贴好后用绝缘胶带将其包裹，并用环氧树脂将包裹两端头处密封，以免浇筑混凝土后受潮失效。

将各原材料按配合比称量好后倒入混凝土搅拌机中，搅拌15min后倒入事先制作好的木模中，并用振捣棒振捣成型，振捣时动作应轻柔，防止振捣棒损伤所贴应变片或振断导线。潮湿环境下养护24h后拆模，然后移入标准养护室(温度为20±1℃，湿度为95%)进行养护，混凝土初凝期间测得其孔隙溶液pH值为12.6。通过对梁试件同批混凝土的立方体混凝土试块的抗压试验测得本试验中混凝土的实际抗压强度为32MPa。木模及试验梁如图4.2所示。

4.2.1.2 钢弹簧

考虑到本章试验周期较长，对钢弹簧刚度要求较高，课题组特找弹簧生产厂家按试验要求进行定制，并对其刚度进行测试，钢弹簧成品如图4.3所示。采用万能试验机对其进行两次循环加载-卸载，得到了钢弹簧的荷载-位移曲线，如图4.4所示。通过对5组钢弹簧循环加载-卸载测试，得到其平均刚度为65N/mm，弹簧刚度测试结果见表4.2。

[illegible]

弹簧编号	1	2	3	4	5	平均值	变异系数(%)
刚度系数	64	63	65	65	66	65	1.8

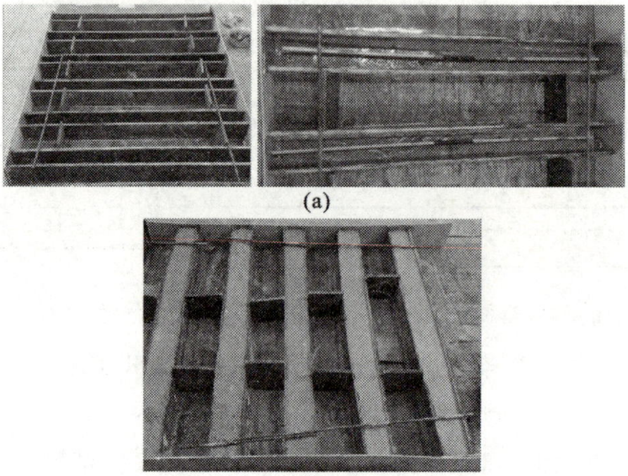

(a)

(b)

图 4.2　木模及试验梁

(a)木模及粘贴 GFRP 筋应变片；(b)GFRP 筋混凝土梁试件

图 4.3　钢弹簧

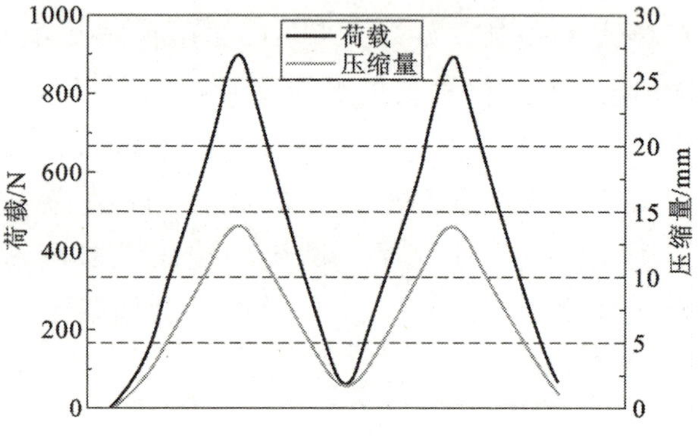

图 4.4　钢弹簧荷载-位移曲线

4.2.2　试验准备工作

4.2.2.1　加载反力架装置

为了模拟 GFRP 筋混凝土梁承受外荷载的服役状态，课题组采用自制反力架装置对梁试件施加持续荷载。考虑到后期试验需将承受持续荷载的 GFRP 筋混凝土梁浸泡在腐蚀溶液中，而一般钢筋或者钢材在腐蚀环境中会生锈和钝化，因此课题组采用喷涂了防锈剂的钢板、钢弹簧、螺纹钢筋和螺母来制作反力架加载装置。加载装置根据胡克定律进行设计加工，通过千斤顶施加外荷载，钢弹簧压缩后对试件产生弯曲荷载，荷载的大小通过调整钢弹簧的压缩量来进行控制。为保证试验过程中施加预裂荷载的精度和持续荷载的稳定性，加载时采用钢弹簧压缩量和GFRP筋应变值进行双控。加载时将两根梁试件反向放置，即保证GFRP筋处于受拉区，每套加载装置可以同时为两根GFRP筋混凝土梁试件提供持续荷载，加载反力架装置如图4.5所示。

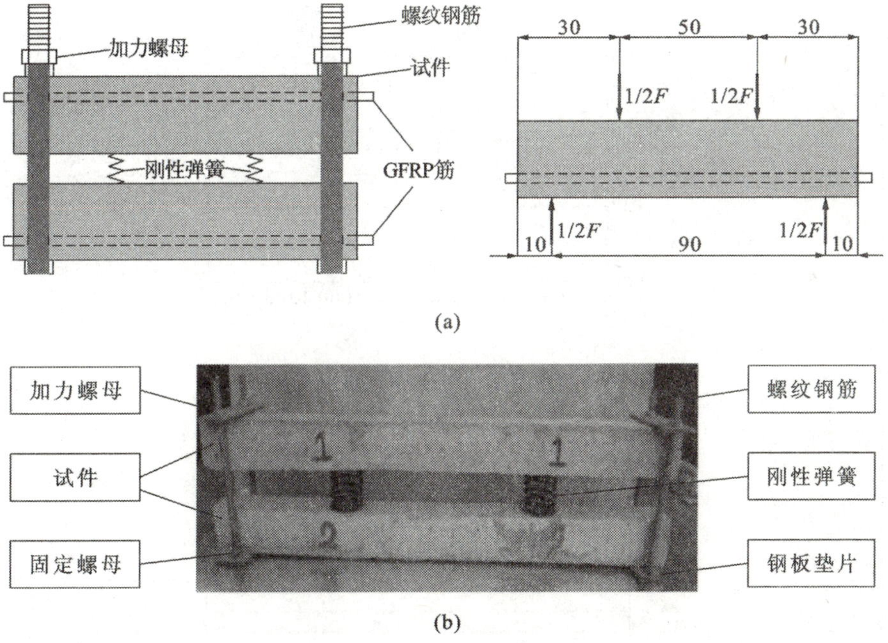

图4.5 加载反力架装置

(a)示意图；(b)实物图

该加载装置体积小，重量轻，可以定量施加持续荷载，且加载方便，可以进行大批量的耐久性试验。

为检测加载方案的可行性，试验开始前课题组先对加载反力架装置进行了测试，主要验证持续荷载作用下钢弹簧的压缩量和GFRP筋应变值是否具有相关性以及钢弹簧的压缩量是否随着时间发生变化。

文献[184]曾对处于正常服役状态下的 GFRP 筋混凝土桥面板进行长期监控，其中 GFRP 筋的实测最大拉应变仅为 30$\mu\varepsilon$。课题组对持续荷载作用下 GFRP 筋拉应变达到 1200$\mu\varepsilon$ 时的混凝土梁试件进行了长达 1500h 的数据监测，为方便课题组成员获取监测数据，拉应变数据每隔 24h 记录一次，钢弹簧压缩量数据每 2d 记录一次。GFRP 筋拉应变值和钢弹簧压缩量随时间变化关系分别如图 4.6 和图 4.7 所示，从图中可以看到，拉应变值的变化范围不超过初始应变的 3%；1500h 后弹簧压缩量减小值仅为初始压缩量的 4.2%。

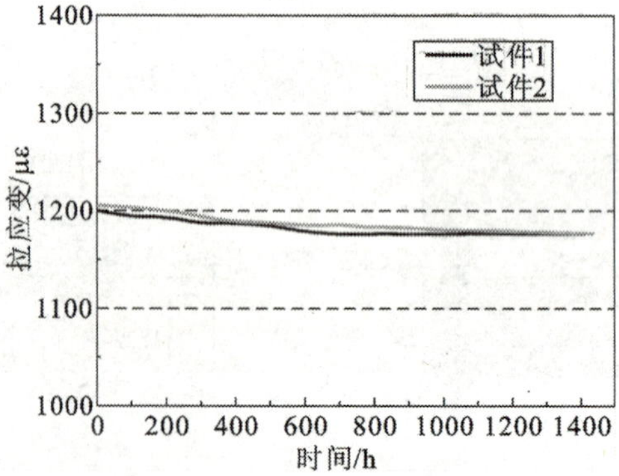

图 4.6　GFRP 筋拉应变值随时间变化关系

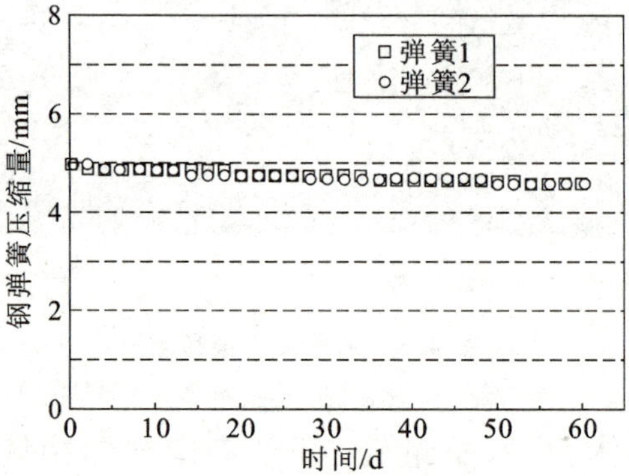

图 4.7　钢弹簧压缩量随时间变化关系

试验数据表明，测试过程中钢弹簧的应力松弛和 GFRP 筋的蠕变效应均较小，说明通过监测钢弹簧的压缩量和 GFRP 筋拉应变值的方法来施加预裂荷载以及持续荷载的方案是可行的。

4.2.2.2　GFRP 筋混凝土梁四点弯曲试验

待混凝土试件达到预定龄期后进行四点弯曲试验，试验通过分配梁来实现，荷载大小通过布设在千斤顶上的压力传感器测得。正式加载前对试件进行预加载，以检查测量仪器读数是否正常，同时保证混凝土梁试件、分配梁和仪器之间接触良好。加载采用分级加载，每级荷载 0.5kN，当加载到荷载出现明显下降趋势时停止加载。加载方式及测点布置如图 4.8 所示。

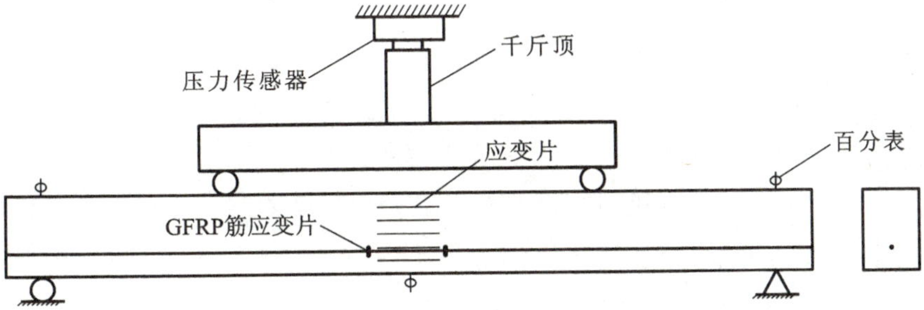

图 4.8　测点布置图

GFRP 筋混凝土梁四点弯曲试验加载装置如图 4.9(a)所示。由于 GFRP 筋混凝土梁试件尺寸较小，且梁中没有布置箍筋和抗剪钢筋，因此混凝土梁试件的实际承载能力并不大。当 GFRP 筋拉应变达到 2800$\mu\varepsilon$ 时混凝土梁试件就发生了剪切破坏，试件破坏形态如图 4.9(b)所示。

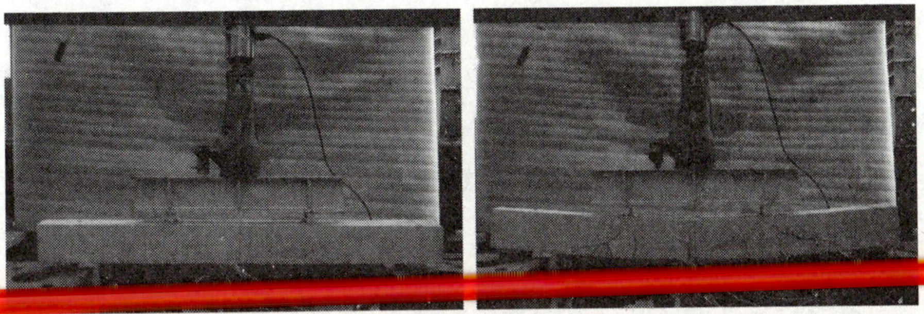

(a)　(b)

图 4.9　GFRP 筋混凝土梁四点弯曲试验

(a)加载试验装置；(b)GFRP 筋混凝土梁试件剪切破坏

加载时跨中截面处 GFRP 筋荷载-应变关系如图 4.10 所示。由图可见,GFRP 筋在混凝土试件破坏前荷载-应变关系大致呈线弹性关系。为方便叙述,本书以混凝土试件发生破坏时 GFRP 筋的应变作为名义极限拉应变,即 $\varepsilon_{名义}=2800\mu\varepsilon$。

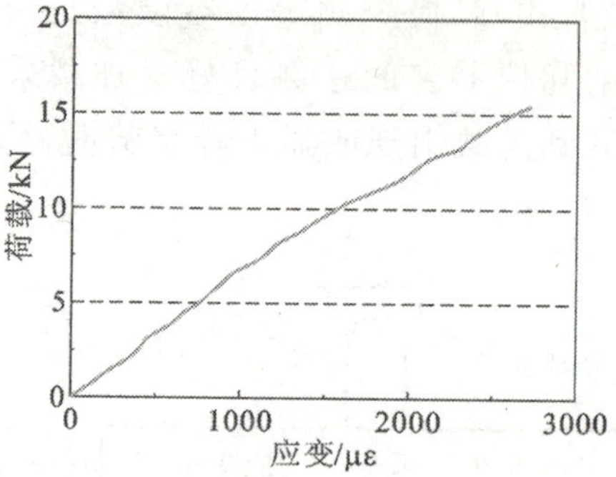

图 4.10 跨中截面处 GFRP 筋荷载-应变关系

4.2.2.3 加载流程

为了模拟 GFRP 筋混凝土梁在服役过程中带裂缝的工作状态,此处将梁试件分为两组:一组是施加预裂荷载产生弯曲裂缝的试验梁,另一组是直接施加持续荷载无弯曲裂缝的参照梁。两组梁试件的加载步骤分别如下:

①参照梁:预加载→卸载→施加持续荷载 M_u→环境侵蚀→达到相应龄期后卸载并取出 GFRP 筋→力学性能及微观试验

②试验梁:预加载→卸载→分级加载至 M_{cr}→持续荷载 2min 后卸载→施加持续荷载 M_u→环境侵蚀→达到相应龄期后卸载并取出 GFRP 筋→力学性能及微观试验

其中,M_u 为梁试件的极限承载力,M_{cr} 为梁试件的开裂弯矩,其数值大小均由同期浇筑养护成型的 GFRP 筋混凝土梁试件经过四点弯曲试验确定得到。

根据施加荷载大小与钢弹簧压缩量之间的内在关系,可以将荷载大小转换为弹簧压缩量进行控制。转换关系如下:

$$钢弹簧压缩量:l=F/k \tag{4-1}$$

$$\text{预裂弯矩}:M_{cr}=F\cdot L \tag{4-2}$$

式中　k——弹簧刚度系数；

L——弹簧中心到梁端部受力点的距离。

将式(4-1)代入式(4-2)中，有：

$$\text{预裂弯矩}:M_{cr}=k\cdot l\cdot L \tag{4-3}$$

其中，k、L 均为定值，$k=65\text{N/mm}$，$L=200\text{mm}$，钢弹簧总长 180mm。

由式(4-3)可知，通过控制钢弹簧的压缩量即可调整荷载的大小。根据 4.2.2.2 节的四点弯曲试验可以确定 GFRP 筋混凝土梁的开裂弯矩和承载极限分别为 0.42kN·m 和 1.47kN·m，持续弯曲荷载取 $0.25M_u$（详细原因见 4.2.3.1 节），即 0.37kN·m。根据式(4-3)计算可知，施加预裂荷载时钢弹簧压缩量为 32mm，施加 $0.25M_u$ 弯曲荷载时对应的钢弹簧压缩量为 28mm。由图 4.10 中荷载-应变关系可以反推出施加 $0.25M_u$ 持续弯曲荷载时跨中截面处 GFRP 筋拉应变为 650$\mu\varepsilon$，大致占到名义极限拉应变的 24%。

试验具体加载步骤如下：

①将两根梁试件反向放置在钢弹簧上，并用钢板和螺母将其固定，放置时应保证梁体受到弯曲荷载时 GFRP 筋处于受拉的一侧，然后用千斤顶和反力架进行预加载，以检查梁体安放是否平稳、接触是否良好并消除钢弹簧的非弹性变形。预加载时，荷载分两级加载至 3kN，每级加载 1.5kN 并持续荷载 2min，然后卸载。

②利用反力架和千斤顶将钢弹簧压缩 32mm，同时用裂缝观测仪对跨中纯弯段进行观测，考虑到 GFRP 筋混凝土梁试件的开裂弯矩试验值与理论值之间存在一定的偏差，加载时以产生弯曲裂缝为准，当纯弯段出现宽度达到 1mm 的弯曲裂缝时立即停止加载（详细原因见 4.3.2.1节）。参照梁无需预裂，故无此步骤，直接按步骤③进行加载。

③调整加力螺母将钢板固定，持续荷载 2min，对试件纯弯段裂缝处进行拍照记录，卸载后施加持续荷载，即将钢弹簧的压缩量调节至 28mm，最后利用加力螺母进行固定，并定期监测钢弹簧的压缩量。若压缩量出现较大回弹，应及时调整以确保持续荷载大小的恒定。已加载完成的部分梁试件如图 4.11 所示。

图 4.11　已加载完成的部分 GFRP 筋混凝土梁试件

(a)立面图；(b)侧立面图

将加载完成的 GFRP 筋混凝土梁试件浸泡在自制恒温水浴箱中，恒温水浴箱由加热层、保温层以及防水层组成(图 4.12)。加热层主要是电加热板，将其固定在水池沿长度方向两侧，可以使梁试件均匀受热。将温度探头放入溶液中，溶液温度由数字温控仪控制，当温度达到预先设定的温度时，电加热板停止加热。保温层由膨胀聚苯板和黏结层组成，制作好的恒温水浴箱如图 4.13 所示。处于浸泡环境的梁试件如图 4.14 所示。

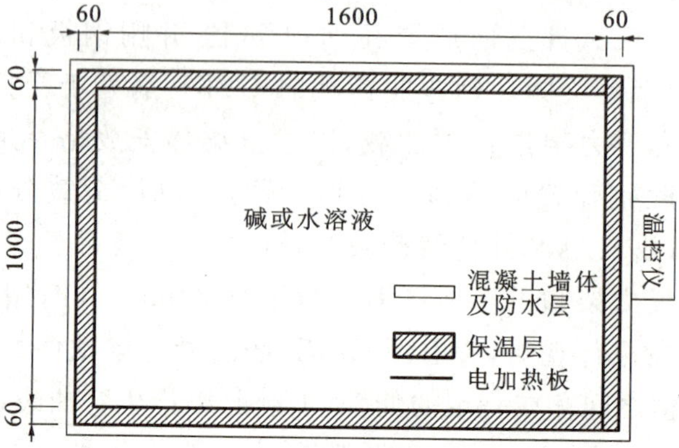

图 4.12　恒温水浴箱尺寸示意图

对于 GFRP 筋应变值和弹簧压缩量的监控，由于试件数量较多，且受试验条件和场地的限制，不可能在每个加载反力架上配备一套相应的监控设备来长期测定试件实际所受荷载大小。为了减小此类误差对试验结果的影响，课题组成员对弹簧压缩量进行周期性监测，每 3d 测量一次，以便及时调整由于钢弹簧应力松弛所造成的应力损失。

图 4.13　恒温水浴箱及保温盖

图 4.14　处于浸泡环境的梁试件

4.2.3　试验方案

4.2.3.1　试验参数

GFRP 筋在实际工程结构中通常是作为加强筋布置在混凝土结构内部，而混凝土结构所处的侵蚀环境通常较为复杂，为了考察实际混凝土构件中 GFRP 筋力学性能的退化趋势，本章选取了五种典型试验参数，主要包括环境类型、环境温度、荷载水平、工作裂缝和浸泡龄期，下面分别对各种试验参数进行介绍。

(1)环境类型

一般来讲，钢筋混凝土结构的使用寿命与其所处环境和地域有一定的关系，通常混凝土结构在一般大气环境下的耐久性能明显长于海港以及冬季撒除冰盐较多的环境，这些环境中含有较多腐蚀性离子，例如氯离子、钠离子、氢氧根离子等，均会导致混凝土结构中钢筋的锈蚀，从而使得其使用寿命降低。因此，将混凝土结构常处的服役环境进行分类，并针对不同的服役环境采取相应的措施，以增加混凝土结构的耐久性能，这也是目前结构设计工作者亟待解决的问题。工作环境分类可使设计者针对不同的环境种类采用相应的对策。为考察持续荷载以及不同介质环境对混凝土梁试件中 GFRP 筋耐久性能的影响，依据《混凝土结构设计规范》(GB 50010—2010)[188]中对混凝土结构暴露环境的类别划分，将承受持续荷载的 GFRP 筋混凝土试件放置在四种环境中，分别为室内环境、室外环境、自来水浸没环境和碱溶液浸没环境。其中室内环境为自然干燥状态，模拟室内正常环境；室外环境为露天暴露环境，根据中国气象科学数据共享网资料显示：武汉地区自然环境为亚热带季风气候，年平均气温为 16.6℃；自来水浸泡模拟淡水湖泊、河流等无侵蚀性静水浸没环境；碱溶液浸没环境模拟受人为侵蚀性物质影响的环境，碱溶液根据 ACI 440.3R—04 的规定配置：1L 自来水含 118.5g $Ca(OH)_2$、0.9g NaOH 和 4.2g KOH，溶液 pH 值控制在 12.6～13.0。

(2)环境温度

温度的升高可以加速老化反应速率[105]，但是为了防止温度过高导致 GFRP 筋出现热降解反应，参照文献[155]的试验温度，本章试验采用 20±2℃、40±2℃、60±2℃三种温度。其中 20℃为工程试验中常用来模拟室温的温度，40℃是自然环境中极有可能出现的高温，60℃为 FRP 筋耐久性试验中常用来进行加速老化试验的温度。

(3)荷载水平

ACI 440.1R—03 中规定了 GFRP 筋的长期应力限制为 20%抗拉强度标准值。此外，《纤维增强复合材料建设工程应用技术规范》(GB 50608—2010)中也规定 GFRP 筋的徐变断裂折减系数为 3.5，且在室内正常使用环境下 GFRP 筋的环境折减系数为 1.25，即 GFRP 筋的长期应力限制为 23%f_{fk}，其中 f_{fk}为 GFRP 筋抗拉强度标准值。

由于 GFRP 筋混凝土梁延性较差，梁体开裂后会导致其刚度迅速降低，且其跨中挠度约为相同条件下钢筋混凝土梁的 3～5 倍[15]。为了避免荷载水平过大导致混凝土试件的刚度降低，结合本章试验情况，对试件施加 0.25M_u 的持续弯曲荷载，以考察荷载水平作用对 GFRP 筋力学性能退化程度的影响，并各设置一组不施加荷载(即荷载水平为 0)的试件进行对比，以研究在持续荷载与侵蚀溶液共同作用下真实混凝土环境中 GFRP 筋力学性能的退化情况。

(4)工作裂缝

GFRP 筋混凝土梁在实际服役过程中一般是带裂缝的，为考察工作裂缝对混凝土梁中 GFRP 筋力学性能退化程度的影响，本章以工作裂缝为研究参数，将 GFRP 筋混凝土梁分为试验梁和参照梁两种类型，对试验梁施加开裂荷载以产生工作裂缝，然后再施加持续荷载并放置在不同的环境下，并与直接施加持续荷载、无工作裂缝的参照梁进行对比，研究荷载水平、环境作用和工作裂缝耦合作用下 GFRP 筋力学性能的退化趋势。

现行国家标准《混凝土结构设计规范》(GB 50010—2010)中对结构构件的裂缝控制等级及最大裂缝宽度的限制进行了规定，对于允许出现裂缝的钢筋混凝土构件(即裂缝控制等级为三级)在按标准永久组合并考虑长期作用影响计算时(一类环境下)，构件的最大裂缝宽度不应超过 0.3mm。此外，由于 GFRP 筋的弹性模量较低，约为普通钢筋的四分之一，因而 GFRP 筋混凝土梁的裂缝宽度约为同尺寸普通钢筋混凝土梁的四倍[15]。结合本书实际试验环境，在考虑初始裂缝对构件的影响的同时，也要避免因初始裂缝过大而影响构件的正常使用，综合以上两个方面的考虑，加载过程以出现宽度为 1mm 的初始裂缝作为依据。

(5)浸泡龄期

考虑到 GFRP 筋抗拉性能在加速老化试验早期退化速率较快的特点，加速老化和自然老化试验采用不同的浸泡龄期。加速老化试验取样时间采取先密后疏的方式，分别为 40d、90d、180d、300d；自然老化试验取样时间参考了以往研究学者相关耐久性试验方案，结合自身试验条件，确定龄期分别为 60d、120d、180d、360d。

4.2.3.2 加速老化试验方案

为考察工作裂缝对 GFRP 筋抗拉性能的影响，对 60℃碱环境中浸泡的试件各预留一组施加预裂荷载作为对比。具体试件数量见表 4.3。

4.2.3.3 自然老化试验方案

本书中室内环境和室外暴露环境均为自然老化试验环境，其中室外环境位于实验楼露天阳台(无遮挡物)。考虑到工作裂缝在自然老化环境下对混凝土梁中 GFRP 筋力学性 [illegible] 环境要求，以及试验场地的限制，自然老化试验没有考虑工作裂缝对 GFRP 筋力学性能的影响，具体试件数量见表 4.4。试验过程记录了试验周期内场地每天最高和最低温度，气温变化曲线如图 4.15 所示。

表 4.3　加速老化试件分组

环境类型	试件编号	温度(℃)	持续荷载	浸泡时间(d)			
				40	90	180	300
对照试件	CON			4			
碱溶液	AL-U-20℃-0	20	0	4	4	4	4
	AL-U-20℃-25%		25%	4	4	4	4
	AL-U-40℃-0	40	0	4	4	4	4
	AL-U-40℃-25%		25%	4	4	4	4
	AL-U-60℃-0	60	0	4	4	4	4
	AL-U-60℃-25%		25%	4	4	4	4
	AL-P-60℃-0	60	0	2	2	2	2
	AL-P-60℃-25%		25%	2	2	2	2
自来水	TW-U-20℃-0	20	0	4	4	4	4
	TW-U-20℃-25%		25%	4	4	4	4
	TW-U-40℃-0	40	0	4	4	4	4
	TW-U-40℃-25%		25%	4	4	4	4
	TW-U-60℃-0	60	0	4	4	4	4
	TW-U-60℃-25%		25%	4	4	4	4

注：试件编号中CON为英文单词“Contrast(对照)”的缩写；AL为英文单词“Alkali(碱)”的缩写；TW为英文单词“Tap water(自来水)”的缩写；P为单词“Precrack(预裂)”的首字母；U为单词“Un-precrack(不预裂)”的首字母。以试件编号AL-P-40℃-25%为例进行说明，该试件表示先施加预裂荷载产生工作裂纹后继续施加25%的持续弯曲荷载，然后浸没在温度为40℃的碱环境中，其他编号依此类推。表中数字表示每组试件个数。

表 4.4　自然老化试件分组

环境类型	试件编号	持续时间(d)			
		60	120	180	360
对照试件	CON	—			
室内环境	IND	4	4	4	4
室外环境	OUTD	4	4	4	4

注：试件编号中CON为英文单词“Contrast(对照)”的缩写；IND为英文单词“Indoor(室内)”的缩写；OUTD为英文单词“Outdoor(室外)”的缩写。

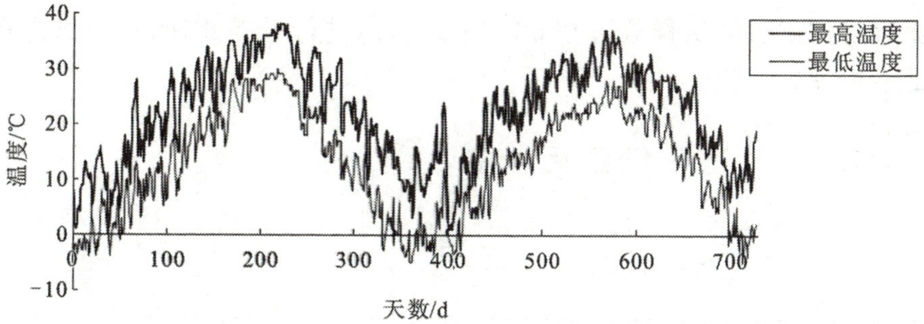

图 4.15 华中地区(武汉)2013—2014 年日温度变化曲线

4.2.4 性能评价指标

(1)表观形貌

本试验中主要观察混凝土梁中 GFRP 筋在不同环境中浸泡不同时间后的表观形貌的变化，进而评定不同环境对混凝土梁中 GFRP 筋的侵蚀程度，以及环境类型、浸泡时间对 GFRP 筋侵蚀的影响。

(2)抗拉强度保留率

加速老化和自然老化均采用抗拉强度保留率作为评价指标，抗拉强度保留率为某一侵蚀时间的 GFRP 筋抗拉强度值与抗拉强度初始值之比。其表达式为：

$$Y = \frac{R_2}{R_1} \times 100\% \tag{4-4}$$

式中 Y——试件某一时间抗拉强度保留率；

R_1——试件的初始抗拉强度；

R_2——试件浸泡某一龄期的抗拉强度。

(3)吸湿性能

本书参照 ASTM D5229 中所述规定对碱溶液和自来水溶液浸没环境下混凝土环境中 GFRP 筋进行吸湿性能试验。

待达到相应龄期后，将 GFRP 筋混凝土梁试件从浸没环境中取出，用小铁锤和凿子将混凝土敲碎并取出 GFRP 筋，然后用金刚砂锯将其切割成长度为 50mm 的吸湿试样，每组试样 4 个。将 GFRP 筋试件表面用滤纸擦干，然后立即用精度为 0.001g 的电子天平进行测量，随后将称重后的试样放置在 80℃干燥室内进行干燥处理，直至试样重量不再发生变化。

4.2.5　试验仪器及设备

4.2.5.1　抗拉性能

待达到预定浸泡龄期时，取出混凝土试件将 GFRP 筋表面黏结的混凝土去除，置于室温环境下，待其干燥后进行拉伸试验。拉伸试验在 SHT4106-G 型微机控制电液伺服万能试验机上进行，对 GFRP 筋抗拉强度及抗拉弹性模量进行测量，加载速率为 2 mm/min，加载数值由数据采集系统自动记录，试验机如图 4.16 所示。具体试验方法与 3.2.2节相同。

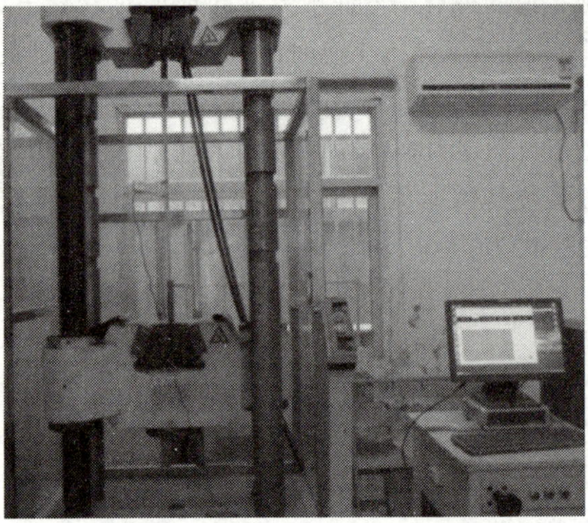

图 4.16　电液伺服万能试验机及数据采集系统

4.2.5.2　微观形貌分析

扫描电子显微镜(SEM)的原理是通过二次电子、背散射电子和吸收电子成像，由于它对试样不平整的表面能够比较清晰地聚集成像，所以可以根据 SEM 图像来观察试样表面的平整性。在 GFRP 筋的老化试验中,利用 SEM 对试样腐蚀老化前后及拉伸断面做扫描分析能够清楚地了解腐蚀前后试样的形貌,对于研究 GFRP 筋的老化及界面的破坏情况有着极其重要的意义。

本书试验采用 SEM 对侵蚀前后 GFRP 筋微观形貌进行观察分析,本实验采用日本电子株式会社生产的 JSM-5610LV 型扫描电子显微镜,观测前需对试验样品进行喷金处理。如图 4.17 所示。

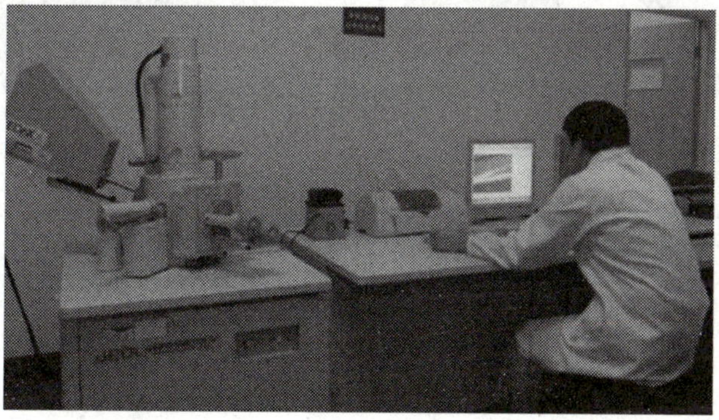

图 4.17 JSM-5610LV 型扫描电子显微镜

4.2.5.3 DSC 和 FTIR

利用差示扫描量热仪(DSC)对老化试验前后试样的玻璃化温度进行量测分析,试验采用美国 PE 公司生产的 PYRIS1 型差示扫描量热仪,如图 4.18 所示。

红外光谱是记录物质对红外光的吸收程度与波长的关系图,除了光学异构体外,每组化合物都有自己的红外吸收光谱[94],通过有效跟踪水解过程中的化学反应,给出水解产物成分特征,可以对 GFRP 筋水解程度进行分析。本书利用傅立叶扫描红外光谱仪(FTIR)对老化试验前后试样的红外光谱进行分析,试验采用美国生产型号 Nicolet6700 的傅立叶红外光谱仪,如图 4.19 所示。

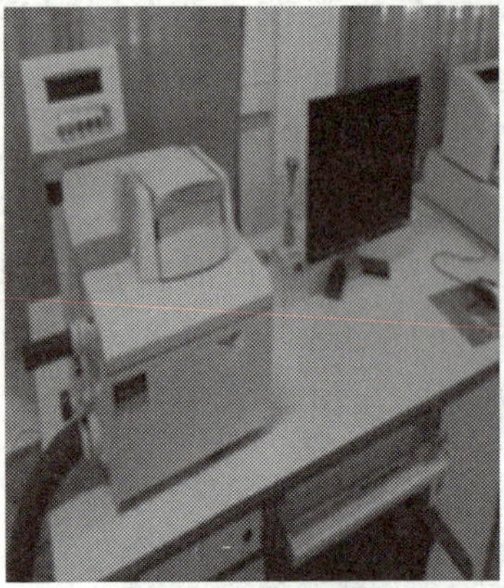

图 4.18　差示扫描量热仪

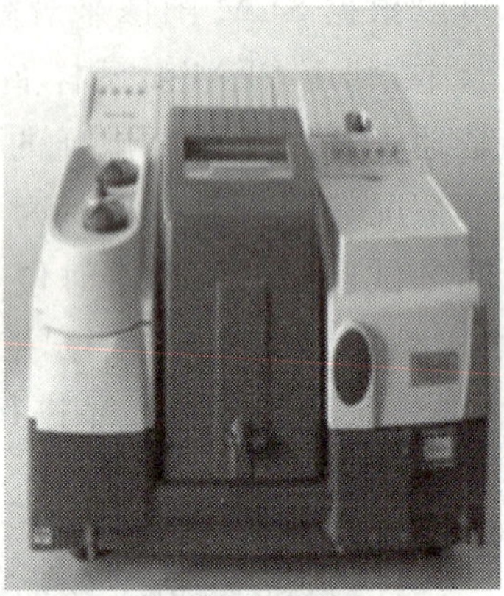

图 4.19　傅立叶红外光谱仪

4.3　试验结果与分析

4.3.1　形貌特征

4.3.1.1　表面形貌

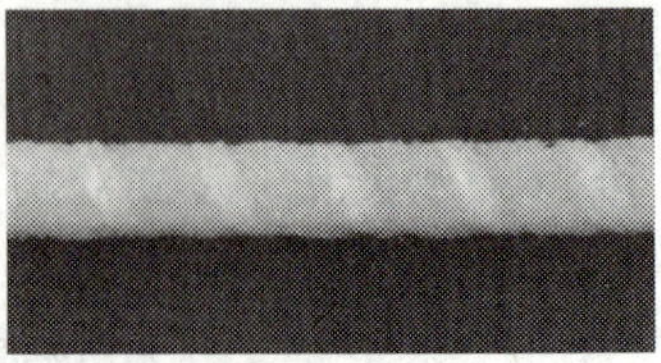

图 4.20　腐蚀前 GFRP 筋形貌

图 4.20～图 4.29 分别给出了自然环境和加速老化环境下 GFRP 筋在腐蚀前后外观形貌的变化情况。通过对试件外观形貌观察可见，与未浸泡在侵蚀溶液中的 GFRP 筋混凝土试件相比，浸泡在自来水中混凝土环境下的 GFRP 筋外观完整性较好、表面平滑，没有出现坑蚀、内部玻璃纤维外露等现象；对比自来水和碱溶液中混凝土环境下的 GFRP 筋，可以发现碱溶液浸泡环境混凝土梁试件中 GFRP 筋表面出现了局部坑蚀现象，并伴随着少量白色状固体析出。

随着溶液温度的升高，GFRP 筋表面的坑蚀现象略微明显。40℃碱溶液与 20℃碱溶液相比，GFRP 筋表面发生坑蚀范围有所扩大。这主要是由于随着温度的升高，碱溶液中活化分子相应增多，化学反应

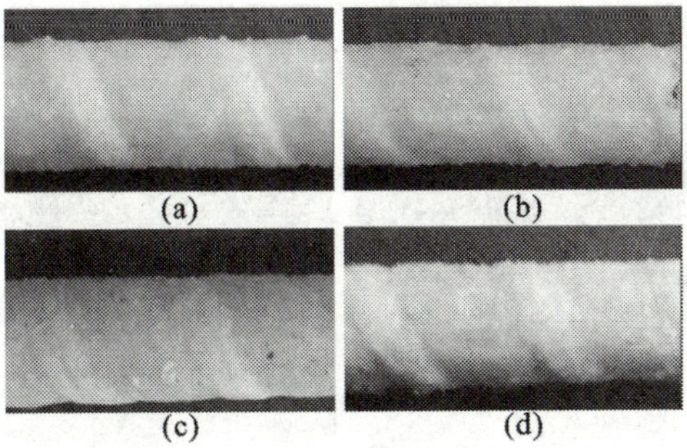

图 4.21 自然老化环境下混凝土梁试件中 GFRP 筋形貌

(a)60d;(b)120d;(c)180d;(d)360d

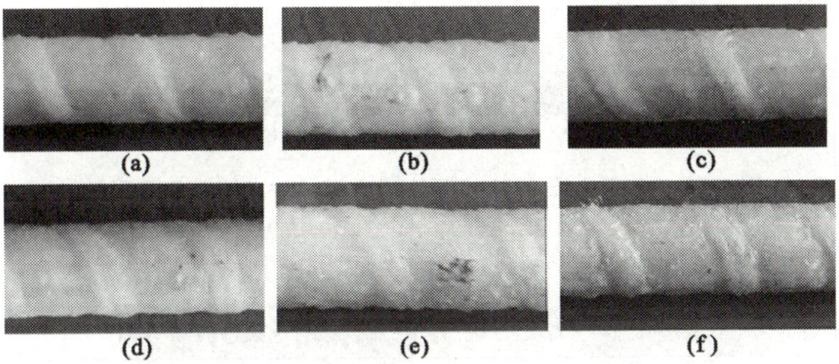

图 4.22 自来水浸泡 40d 后混凝土梁试件中 GFRP 筋形貌

(a)TW-U-20℃-0;(b)TW-U-40℃-0;(c)TW-U-60℃-0;

(d)TW-U-20℃-25%;(e)TW-U-40℃-25%;(f)TW-U-60℃-25%

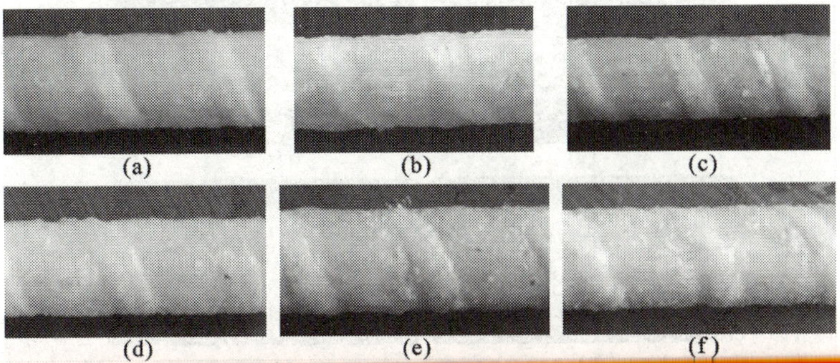

图 4.23 自来水浸泡 90d 后混凝土梁试件中 GFRP 筋形貌

(a)TW-U-20℃-0;(b)TW-U-40℃-0;(c)TW-U-60℃-0;

(d)TW-U-20℃-25%;(e)TW-U-40℃-25%;(f)TW-U-60℃-25%

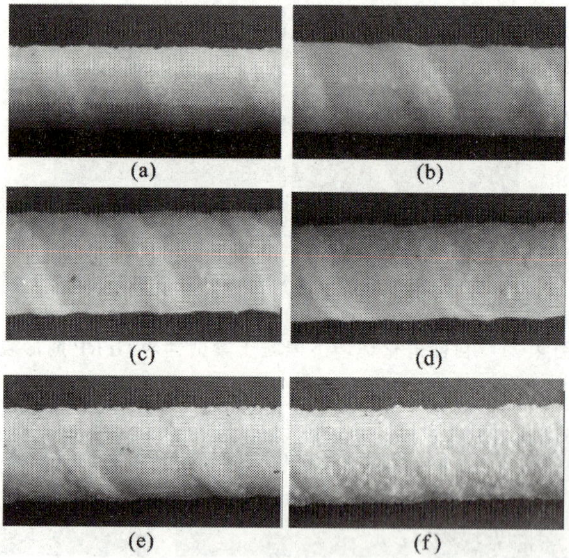

图 4.24　自来水浸泡 180d 后混凝土梁试件中 GFRP 筋形貌

(a)TW-U-20℃-0；(b)TW-U-40℃-0；(c)TW-U-60℃-0；
(d)TW-U-20℃-25％；(e)TW-U-40℃-25％；(f)TW-U-60℃-25％

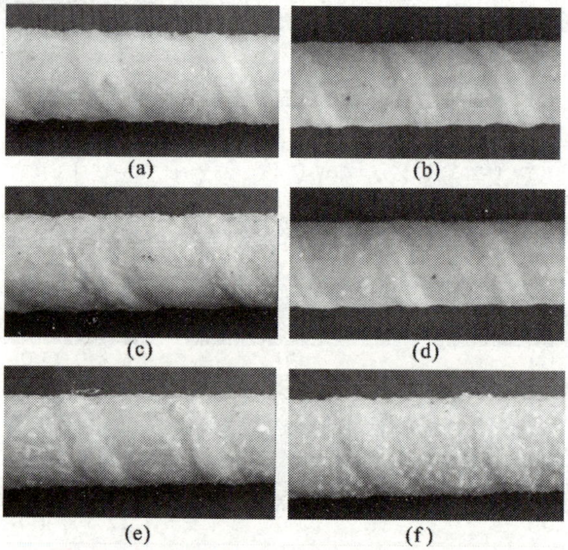

图 4.25　自来水浸泡 300d 后混凝土梁试件中 GFRP 筋形貌

(a)TW-U-20℃-0；(b)TW-U-40℃-0；(c)TW-U-60℃-0；
(d)TW-U-20℃-25％；(e)TW-U-40℃-25％；(f)TW-U-60℃-25％

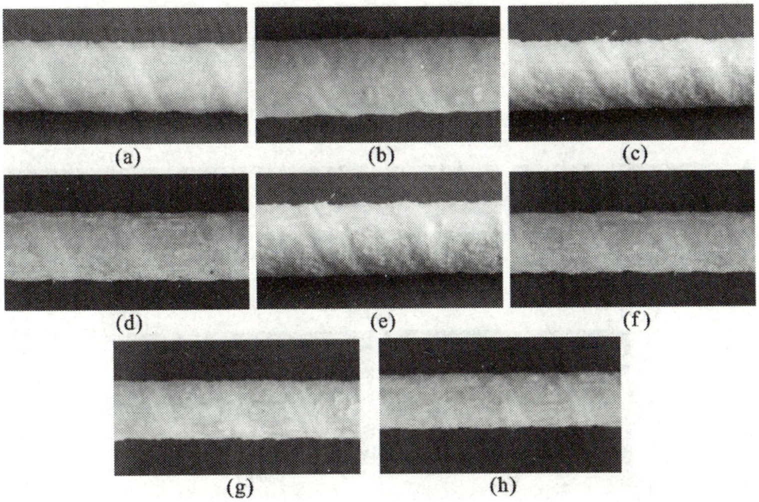

图 4.26 碱溶液浸泡 40d 后混凝土梁试件中 GFRP 筋形貌

(a) AL-U-20℃-0；(b) AL-U-40℃-0；(c) AL-U-60℃-0；

(d) AL-U-20℃-25%；(e) AL-U-40℃-25%；(f) AL-U-60℃-25%；

(g) AL-P-60℃-0；(h) AL-P-60℃-25%

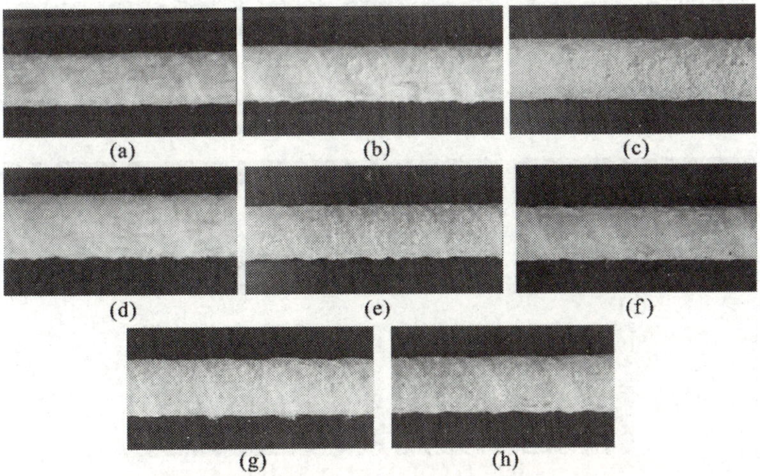

图 4.27 碱溶液浸泡 90d 后混凝土梁试件中 GFRP 筋形貌

(a) AL-U-20℃-0；(b) AL-U-40℃-0；(c) AL-U-60℃-0；

(d) AL-U-20℃-25%；(e) AL-U-40℃-25%；(f) AL-U-60℃-25%；

(g) AL-P-60℃-0；(h) AL-P-60℃-25%

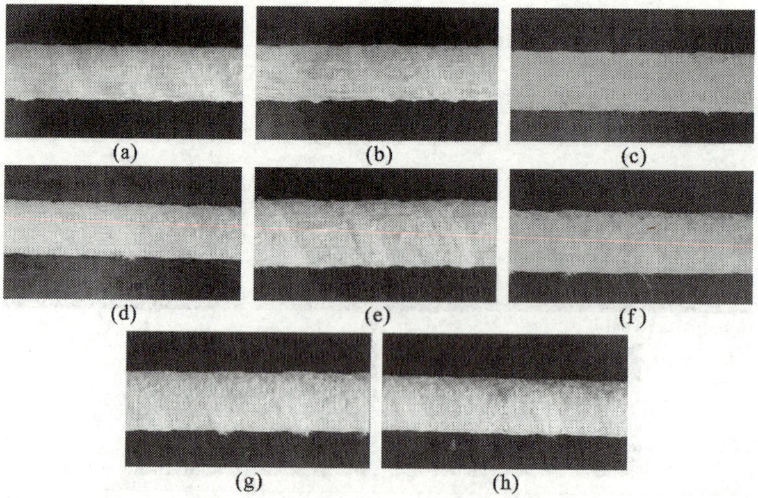

图 4.28　碱溶液浸泡 180d 后混凝土梁试件中 GFRP 筋形貌

(a) AL-U-20℃-0；(b) AL-U-40℃-0；(c) AL-U-60℃-0；
(d) AL-U-20℃-25%；(e) AL-U-40℃-25%；(f) AL-U-60℃-25%；
(g) AL-P-60℃-0；(h) AL-P-60℃-25%

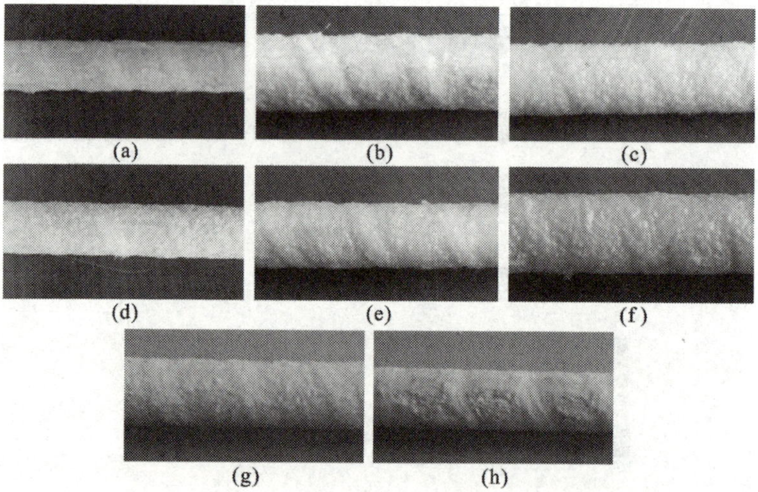

图 4.29　碱溶液浸泡 300d 后混凝土梁试件中 GFRP 筋形貌

(a) AL-U-20℃-0；(b) AL-U-40℃-0；(c) AL-U-60℃-0；
(d) AL-U-20℃-25%；(e) AL-U-40℃-25%；(f) AL-U-60℃-25%；
(g) AL-P-60℃-0；(h) AL-P-60℃-25%

速率加快；另外，溶液中 OH^- 的扩散系数也在增大，OH^- 通过混凝土弯曲微裂缝直接或间接与玻璃纤维发生化学反应。

与文献[53]、[54]、[57]中将 GFRP 筋直接浸泡在相同温度下碱溶液中所描述现象相比，混凝土包裹环境下 GFRP 筋的耐腐蚀性能得到明显改善，说明混凝土环境从长期角度而言对 GFRP 筋起到了一定程度的保护作用。

4.3.1.2 微观结构形貌

通过 SEM 对腐蚀前后 GFRP 筋微观形貌变化进行观测。考虑到本章试件数量较多，且从第 3 章中对直接浸泡在溶液中 GFRP 筋试件微观结构观测结果可知，和 60℃ 环境温度相比，20℃ 和 40℃ 环境温度对 GFRP 筋微观结构造成的退化有限，另外本章的 GFRP 筋被包裹在混凝土梁中，混凝土环境对 GFRP 筋起到了一定的保护作用，20℃ 和 40℃ 环境温度下筋体的微观结构变化不大，因此本节只给出自然老化环境和 60℃ 环境温度下混凝土梁试件中筋体的扫描电镜图片，如图 4.30～图 4.38 所示。

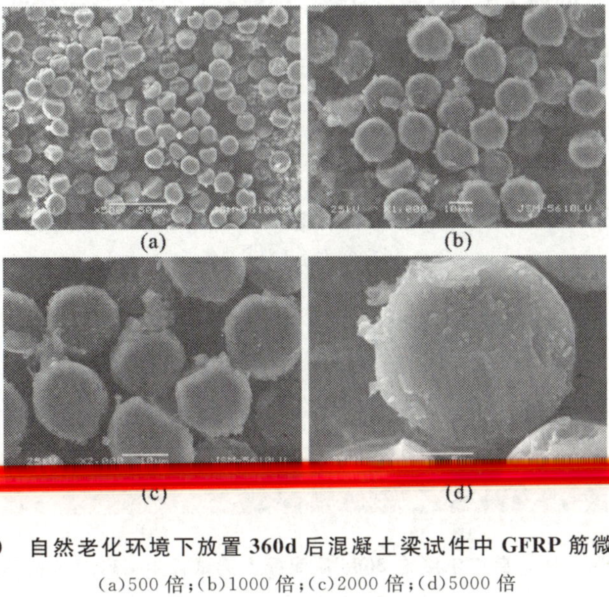

图 4.30 自然老化环境下放置 360d 后混凝土梁试件中 GFRP 筋微观形貌

(a)500 倍；(b)1000 倍；(c)2000 倍；(d)5000 倍

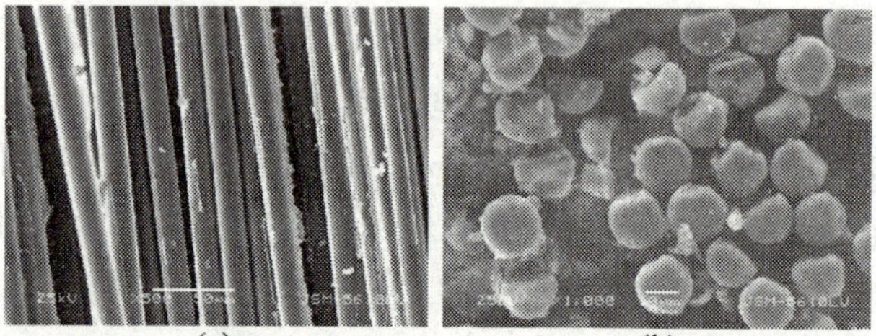

(a)　(b)

图 4.31　60℃自来水浸泡 40d 后混凝土梁试件中 GFRP 筋微观形貌

(a)500 倍；(b)1000 倍

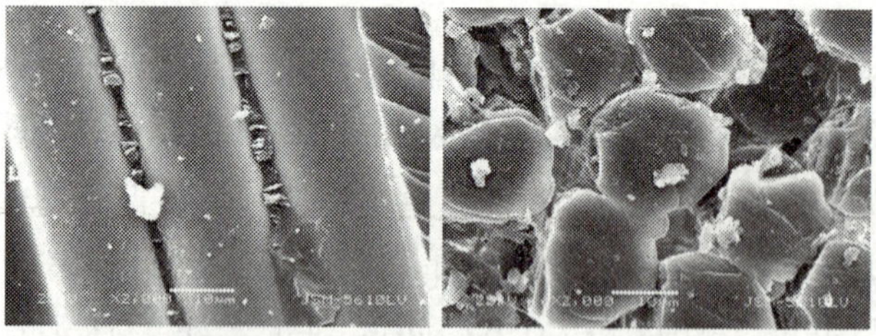

(a)　(b)

图 4.32　60℃自来水浸泡 90d 后混凝土梁试件中 GFRP 筋微观形貌

(a)2000 倍；(b)2000 倍

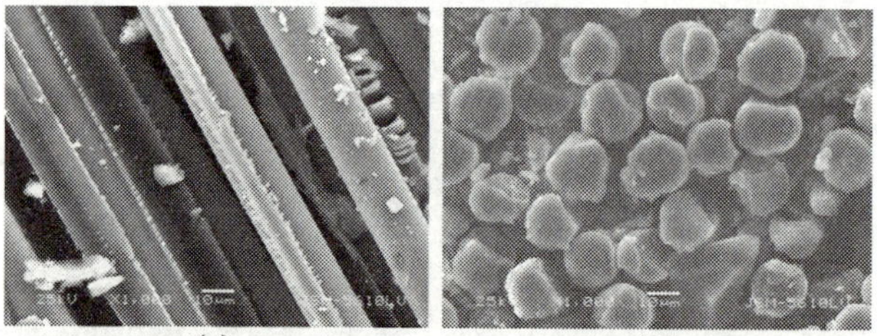

(a)　(b)

图 4.33　60℃自来水浸泡 180d 后混凝土梁试件中 GFRP 筋微观形貌

(a)1000 倍；(b)1000 倍

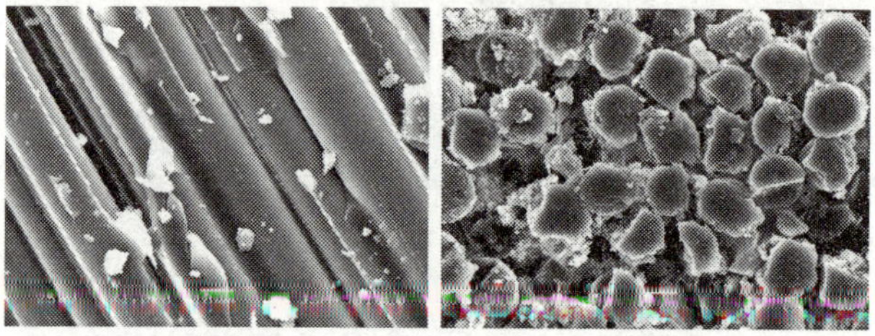

(a)　(b)

图 4.34　60℃自来水浸泡 300d 后混凝土梁试件中 GFRP 筋微观形貌

(a)1000 倍；(b)1000 倍

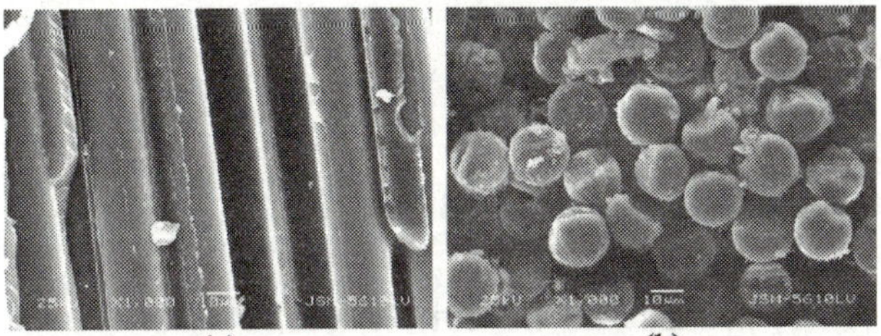

(a) (b)

图 4.35 60℃碱溶液浸泡 40d 后混凝土梁试件中 GFRP 筋微观形貌

(a)1000 倍;(b)1000 倍

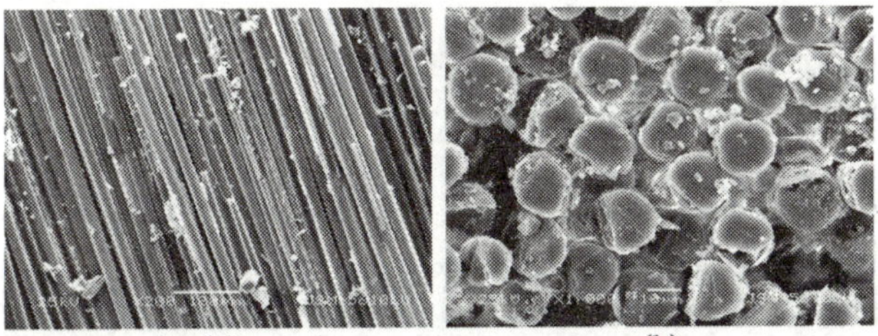

(a) (b)

图 4.36 60℃碱溶液浸泡 90d 后混凝土梁试件中 GFRP 筋微观形貌

(a)200 倍;(b)1000 倍

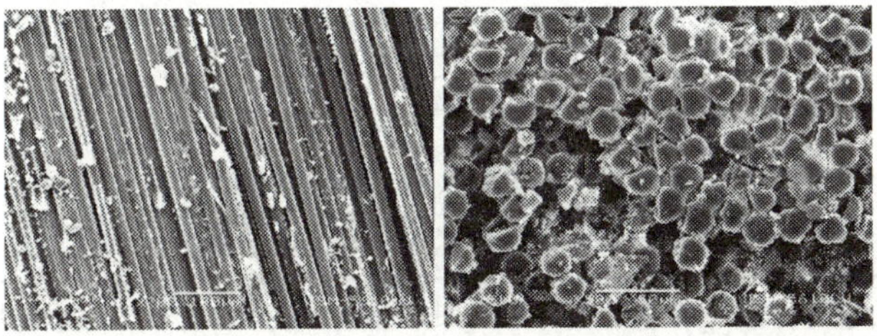

(a) (b)

图 4.37 60℃碱溶液浸泡 180d 后混凝土梁试件中 GFRP 筋微观形貌

(a)200 倍;(b)500 倍

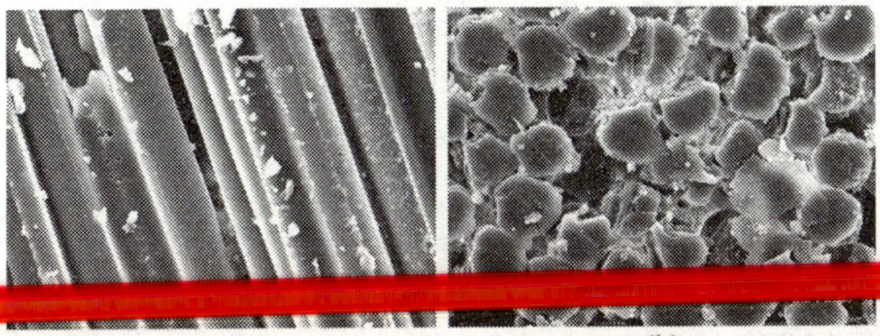

(a) (b)

图 4.38 60℃碱溶液浸泡 300d 后混凝土梁试件中 GFRP 筋微观形貌

(a)1000 倍;(b)1000 倍

4.3.2 抗拉性能

GFRP 筋的力学性能主要体现在其抗拉性能上，抗拉性能主要包括抗拉强度、弹性模量、泊松比等，它是表征材料性能优劣的重要参数。经过拉伸试验发现，处于混凝土加速老化环境中的 GFRP 筋发生破坏的过程与第 3 章中未老化 GFRP 筋拉伸破坏过程类似，图 4.39 给出了混凝土加速老化环境中 GFRP 筋典型受拉破坏形态。

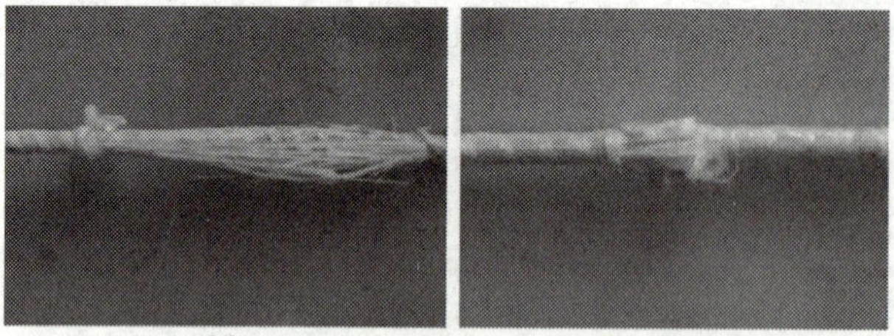

(a)　　(b)

图 4.39 GFRP 筋典型受拉破坏形态

(a)散射式破坏；(b)劈裂破坏

将拉伸试验结果列于表 4.5 和表 4.6 中。可见，试验中 GFRP 筋抗拉弹性模量变化程度较小，没有表现出明显的规律性。与抗拉强度的退化程度相比，GFRP 筋抗拉弹性模量在试验过程中所受影响较小。

表 4.5 加速老化试验(未预裂试件)拉伸试验结果

环境类型	温度(℃)	持续荷载水平	浸没时间(d)	抗拉强度(MPa)			弹性模量(GPa)	
				平均值	保留率(%)	变异系数(%)	平均值	保留率(%)
参照试件 GFRP 筋				1197	100	1.67	51.0	100
碱溶液	20	0	40	1104	92.2	1.53	51.7	101.4
			90	1047	87.5	1.86	51.9	101.8
			180	1003	83.8	2.20	52.2	98.6
			300	989	82.6	2.74	52.8	101.5
		25%	40	1046	87.4	2.14	51.4	100.8
			90	989	82.6	2.55	50.2	98.4
			180	924	77.2	3.38	50.2	97.5
			300	881	73.6	3.95	49.8	97.3

续表 4.5

环境类型	温度(℃)	持续荷载水平	浸没时间(d)	抗拉强度(MPa) 平均值	抗拉强度 保留率(%)	抗拉强度 变异系数(%)	弹性模量(GPa) 平均值	弹性模量 保留率(%)
碱溶液	40	0	40	1074	89.7	1.62	52.1	102.2
			90	1010	84.4	2.38	52.4	102.7
			180	922	77	3.13	52.8	103.5
			300	894	74.7	2.54	53.1	104.2
		25%	40	998	83.4	2.81	51.8	101.6
			90	940	78.5	2.37	51.3	100.5
			180	877	73.3	1.40	50.1	98.2
			300	815	68.1	3.35	49.1	96.3
	60	0	40	1014	84.7	2.20	50.1	98.2
			90	938	78.4	2.54	49.2	96.5
			180	857	71.6	3.47	49.4	96.8
			300	808	67.5	2.86	48.6	95.3
		25%	40	954	79.7	2.08	49.7	97.5
			90	869	72.6	2.62	48.6	95.3
			180	794	66.3	3.52	48.2	94.7
			300	747	62.4	1.36	47.3	94.1
自来水	20	0	40	1129	94.3	0.86	51.8	101.6
			90	1084	90.6	1.24	52.2	102.4
			180	1055	88.1	1.86	51.9	101.8
			300	1017	85.0	2.28	51.4	100.8
		25%	40	1078	90.1	1.76	52.3	102.6
			90	1015	84.8	1.28	51.2	100.4
			180	978	81.7	1.63	50.3	98.6
			300	961	80.3	2.72	50.1	98.3
	40	0	40	1104	92.2	2.45	52.2	102.4
			90	1033	86.3	2.10	51.9	101.8
			180	996	83.2	2.89	52.6	103.2
			300	941	78.6	1.47	52.2	102.3
		25%	40	1034	86.4	2.25	51.8	101.5
			90	942	78.7	2.67	50.3	98.6
			180	907	75.8	2.34	49.7	97.5
			300	863	72.1	4.24	49.3	96.7
	60	0	40	10367	86.6	2.35	49.7	97.4
			90	985	82.3	2.62	49.3	96.6
			180	891	74.4	3.22	48.1	[illegible]
			300	846	[illegible]	[illegible]	48.2	94.5
		25%	40	990	82.7	1.34	49.2	96.4
			90	899	75.1	1.55	48.1	94.3
			180	824	68.8	3.37	47.6	93.4
			300	770	64.3	4.70	47.5	93.2

表 4-6　加速老化试验(预裂试件)拉伸试验结果

环境类型	温度(℃)	持续荷载水平	浸没时间(d)	抗拉强度(MPa)			弹性模量(GPa)	
				平均值	保留率(%)	变异系数(%)	平均值	保留率(%)
碱溶液	60	0	40	974.7	81.4	1.76	48.0	94.2
			90	882.5	73.7	3.15	46.7	92.5
			180	821.4	68.6	3.66	44.1	88.5
			300	755.6	63.1	4.47	43.7	86.7
		25%	40	907.6	75.8	2.35	46.7	91.5
			90	816.6	68.2	2.83	45.0	88.3
			180	752.0	62.8	4.50	43.2	84.7
			300	651.4	54.4	4.36	42.6	83.6

下面分别对实际混凝土环境、溶液类型、环境温度、持续荷载水平、工作裂缝等因素对 GFRP 筋的抗拉性能的影响进行分析。

4.3.2.1　混凝土包裹环境对抗拉性能的影响

(1)参照试件抗拉强度

考虑到 GFRP 筋在混凝土浇筑、持载以及最终从混凝土梁试件中取出的过程中均会出现一定损伤，为了避免这些不确定因素对试验结果产生影响，本章以同期浇筑、未受环境老化作用的混凝土梁试件中 GFRP 筋的抗拉强度作为基准。将浇筑后的 GFRP 筋混凝土梁试件放置在标准养护室养护 40d，此时水泥的水化作用基本完成，混凝土的设计强度也已达到，取出 GFRP 筋后按照第 3 章中拉伸试验步骤进行拉伸试验，试验中有 3 组 GFRP 混凝土梁试件，结果列于表 4.7 中。

表 4.7　参照试件 GFRP 筋抗拉强度

试件编号	抗拉强度(MPa)	保留率(%)	弹性模量(GPa)
初始 GFRP 筋	1223	100	51.7
GFRP-1	1194	97.6	51.6
GFRP-2	1202	98.3	50.5
GFRP-3	1196	97.8	50.6
平均值	1197	97.9	51.0

注：GFRP-1 表示第一根试件，其他以此类推。

从表 4.7 数据可以看到，经过 40d 混凝土环境包裹后，GFRP 筋平均抗拉强度降低约为 2.1%，抗拉弹性模量无明显变化。这表明混凝土初凝期间其孔隙水溶液的强碱环境确实造成了 GFRP 筋抗拉强度的退化，但是降低幅度较小。究其原因，在混凝土硬化和碳化的过程中，混凝土中的水分被大量消耗或蒸发，从而使得树脂的水解反应和纤维的蚀刻反应速率大大降低甚至停止进行；与此同时，空气中的 CO_2 通过混凝土孔隙气相向混凝土内部扩散并溶解于孔隙水溶液中，产生的碳酸与水化产物 $Ca(OH)_2$ 发生碳化反应。混凝土碳化反应生成的 $CaCO_3$ 和其他固化产物堵塞在混凝土孔隙中，使得混凝土的孔隙率减少，这从一定程度上阻碍了后续 CO_2 向混凝土内部的扩散[191]。综合以上各种因素，可以认为混凝土早期硬化阶段对 GFRP 筋抗拉强度的退化有一定程度影响，但并不会引起 GFRP 筋抗拉强度的大幅退化。

(2)混凝土包裹环境对 GFRP 筋抗拉强度影响

将室内环境和室外暴露环境下混凝土梁试件中 GFRP 筋拉伸试验结果列入表 4.8 中，以同期浇筑、未受环境老化作用的混凝土梁试件中 GFRP 筋抗拉强度作为基准进行比较，图 4.40 直观反映了自然老化试验中混凝土包裹环境对 GFRP 筋抗拉强度、弹性模量的影响。

表 4.8 自然老化组拉伸试验结果

环境类型	时间(d)	抗拉强度(MPa)			弹性模量(GPa)	
		平均值	保留率(%)	变化程度(%)	平均值	保留率(%)
参照试件 GFRP 筋		1197	100	—	51.0	100
室内环境	60	1142	95.4	−4.6	50.6	99.2
	120	1150	96.1	−3.9	50.3	98.6
	180	1118	93.4	−6.6	49.7	97.5
	360	1116	93.2	−6.8	50.1	98.3
[illegible]环境	60	1152	96.2	−3.8	50.2	98.4
	[illegible]	[illegible]	93.4	−6.6	49.8	97.6
	180	1105	92.6	−7.4	49.9	97.8
	360	1098	91.7	−8.3	49.1	96.2

注：变化程度是与参照试件相应数据进行对比得到，其中“−”表示降低，“+”表示增加。

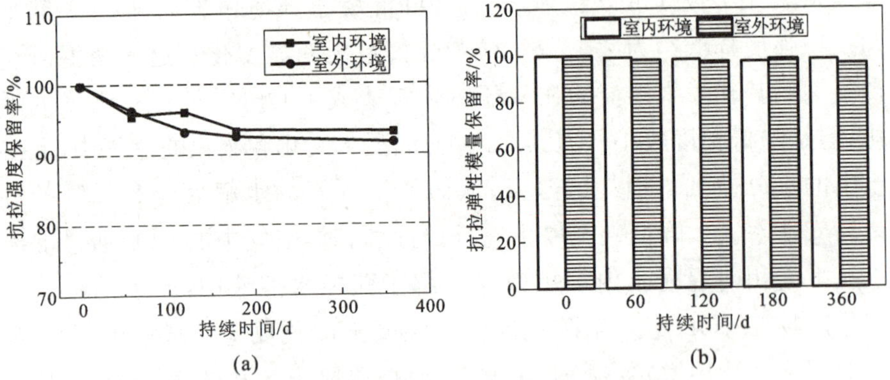

图 4.40　混凝土包裹环境对 GFRP 筋抗拉性能的影响

(a)抗拉强度；(b)抗拉弹性模量

从图 4.40 中变化趋势可以看出，随着时间的增加，室内外自然老化环境下混凝土包裹对 GFRP 筋抗拉强度均产生了一定程度的退化。在室外环境中放置 60d、120d、180d 和 360d 后，GFRP 筋的抗拉强度分别下降了 3.8%、6.6%、7.4%、8.3%；与室外环境相比，室内环境中对照试件抗拉强度保留率始终保持在 93%以上，强度退化迹象并不显著。出现这一现象的原因可能与试验地区气候环境以及试验时间段有关，自然老化试验从 2013 年 10 月份开始，持续到次年 10 月份，其中 5～9 月份为武汉高温期，室外平均温度达到 30℃，地面温度接近 40℃，且雨水较多，形成了自然环境中的干湿循环作用；相比室外老化环境而言，室内环境的温度和湿度均处于相对稳定的状态，因此室内环境中 GFRP 筋抗拉强度的退化主要出现在试验初期，试验后期强度没有明显变化。

(3)混凝土孔隙液 pH 值的测定

混凝土孔隙液呈碱性，其 pH 值一般为 12.5～13.5。混凝土的碱环境使钢筋表面生成一层钝化膜，从而防止钢筋被腐蚀。而对 FRP 筋而言，碱性的高低决定了其腐蚀速率的快慢。在不同的环境条件下，温度、湿度以及 CO_2 浓度均不相同，混凝土孔隙液的 pH 值也会存在一定差异[192][193]，因此本章对不同环境下混凝土梁中的孔隙液 pH 值进行了测定。

混凝土真实孔隙液一般通过压滤法来制备，但是压滤较为困难且操作步骤十分烦琐，应用受到限制。本章参照文献[194]中的方法，采用粉碎研磨法制取人工孔隙液，并用 pH 计测量其 pH 值。刘志勇[195]对该方法中的水固比进行研究发现，当水固比为 10∶1 时，溶液 pH 值比较稳定，且与压滤法得到的真实孔隙液具有良好的对应关系。测试结果见表 4.9。

表 4.9 不同环境下混凝土孔隙液 pH 值

混凝土所处环境	温度(℃)	时间(d)	持续荷载水平	孔隙液 pH 值
浇筑期间	—	0	—	12.80
室内环境	大气温度	360	0	12.55
室外环境	16.6	360	0	12.42
自来水浸泡	60	300	0	12.75
			25%	12.75
碱溶液浸泡	60	300	0	12.77
			25%	12.78

从表 4.9 中可以看出，室内和室外环境下混凝土孔隙液的 pH 值出现了一定程度的降低，且室外环境下降低的程度略大于室内环境。其主要原因可能是由于室内、外环境的湿度、温度差异所致，武汉地区属亚热带季风气候，日照充足、雨量充沛，夏天室外温度通常高于 37℃，空气湿度较大且夏季长，可达 135d，而这些气候条件均促进了碳化反应的进行；相比室外环境，室内环境的湿度和温度均处于一个相对稳定的水平，因此碳化反应的速率与室外环境相比会较慢。

自来水浸泡和碱溶液浸泡环境下混凝土孔隙液的 pH 值与浇筑期间的 pH 值接近，且均大于室内、室外环境下的混凝土孔隙液 pH 值，这表明自来水和碱溶液的浸泡并没有影响混凝土孔隙液的碱度。究其原因，混凝土的碳化反应本身是一个释放水的过程，当环境相对湿度过大时，生成的水[illegible]进行[illegible]。文献[192]通过试验表明，相对湿度为 50%～70%时，碳化速度最快。故将混凝土浸泡在溶液中(即相对湿度为 100%)，既抑制了碳化反应的进行，又减少了 CO_2 进入混凝土内部的机会，混凝土孔隙液 pH 值也就变化不大了。

4.3.2.2 溶液类型对抗拉性能的影响

以同一环境温度和同一荷载水平下混凝土包裹环境中的GFRP筋（环境温度为60℃，荷载水平为0）为参照，对不同类型溶液下混凝土试件中GFRP筋抗拉性能的退化规律进行研究。图4.41给出GFRP筋混凝土梁试件在60℃的两种溶液中分别浸泡40d、90d、180d、300d后，荷载水平为0的GFRP筋抗拉性能随时间的变化规律。

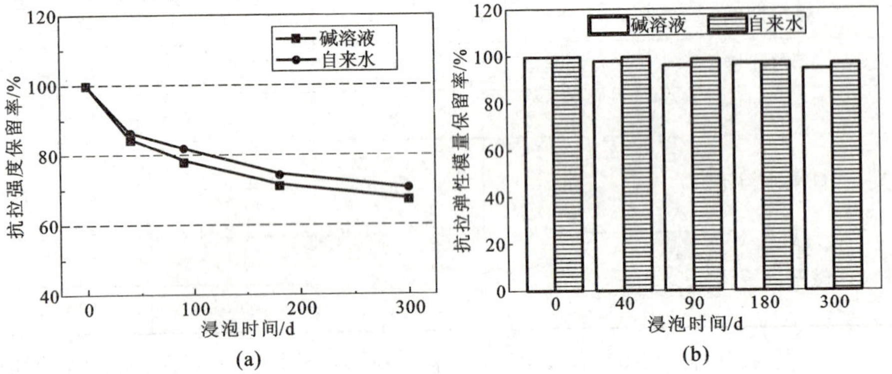

图4.41 不同溶液浸泡混凝土中GFRP筋抗拉性能随时间变化规律

(a)抗拉强度；(b)抗拉弹性模量

从图4.41所示变化趋势可以看出：

①不同溶液浸泡下GFRP筋抗拉强度均出现了不同程度的降低，随着浸泡时间的增加，抗拉强度退化的趋势逐渐减缓。在60℃的自来水环境中浸泡40d、90d、180d和300d后，荷载水平为0的混凝土包裹环境中GFRP筋的抗拉强度分别下降了13.4%、17.7%、25.6%和29.3%；与自来水环境相比，碱溶液中GFRP筋抗拉强度退化率分别增加了1.9%、3.9%、2.8%和3.2%。这表明碱溶液中OH^-的存在加速了GFRP筋的退化过程，使得GFRP筋的抗拉强度不断降低。

②碱溶液和自来水环境对混凝土包裹环境中GFRP筋的抗拉弹性模量的影响并不明显，部分试件出现弹性模量增大的现象。例如在60℃的自来水环境中浸泡300d后，荷载水平为0的混凝土包裹环境中GFRP筋的抗拉弹性模量提高了3.3%。

③处于碱溶液中的混凝土梁试件浸泡 40d、90d、180d 和 300d 后，GFRP 筋的弹性模量分别减少 1.8%、3.5%、3.2%和 5.7%。这表明溶液类型对混凝土环境下 GFRP 筋的弹性模量影响并不显著，整个试验过程中弹性模量保持率始终在 94%以上。

4.3.2.3 环境温度对抗拉性能的影响

以同一荷载水平和同一浸泡溶液下混凝土包裹环境中的 GFRP 筋（荷载水平为 0，溶液为碱环境）为参照，对不同环境温度下混凝土包裹环境中 GFRP 筋的抗拉性能退化规律进行研究。图 4.42 给出了在 20℃、40℃和 60℃碱溶液中浸泡后 GFRP 筋抗拉性能随时间的变化规律。

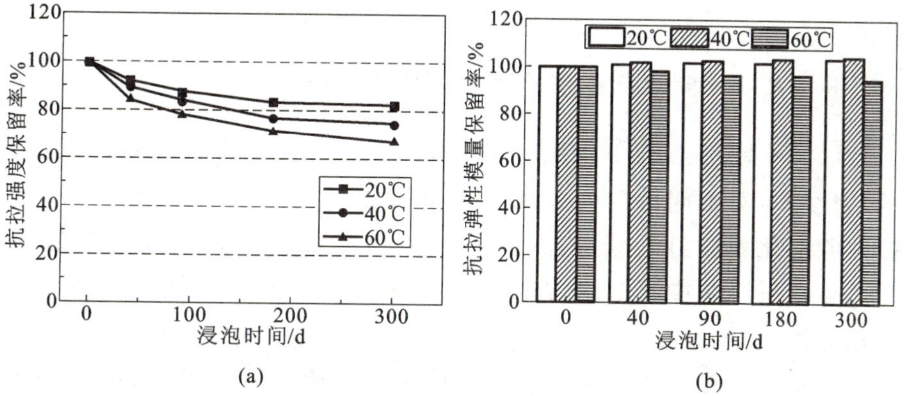

图 4.42 不同温度下 GFRP 筋抗拉性能随时间变化规律

(a)抗拉强度；(b)抗拉弹性模量

从图 4.42 所示变化趋势可以看出：

①在温度为 20℃的碱环境中浸泡 40d、90d、180d 和 300d 后，GFRP 筋的抗拉强度分别下降了 7.8%、12.5%、16.2%和 17.4%。与 20℃碱环境中 GFRP 筋的抗拉强度退化率相比，40℃混凝土环境中其退化率分别增加了 2.5%、3.1%、6.0%和 8.8% [illegible] GFRP 筋抗拉强度退化率分别增加了 7.5%、9.1%、12.2%和15.1%。这表明环境温度的升高加速了混凝土环境中 GFRP 筋抗拉强度的退化速率，且温度越高，加速趋势越明显。究其原因，温度的升高使得 OH^-

和水分子运动速率和扩散速率加快，促使树脂水解反应和侵蚀反应速率提高，从而导致 GFRP 筋抗拉强度退化速率的增加。

②GFRP 筋抗拉强度在早期退化较快，在 20℃、40℃、60℃环境中浸泡 40d 后，抗拉强度分别下降了 7.8%、10.3%和 17.8%，之后退化速率逐渐变缓。相比 60℃环境温度，20℃温度对 GFRP 筋强度退化影响较小。

③碱溶液中环境温度的升高对混凝土包裹环境中 GFRP 筋抗拉弹性模量的影响不明显，部分试件出现了抗拉弹性模量提高的现象。例如，在 60℃环境中浸泡 40d、90d、180d 和 300d 后，GFRP 筋的抗拉弹性模量分别下降了 1.8%、3.5%、3.2%和 4.7%；而在 20℃和 40℃相同环境中浸泡 300d 后，GFRP 筋的抗拉弹性模量分别提高了 3.6%和 4.2%。

4.3.2.4　持续荷载水平对抗拉性能的影响

以同一浸泡溶液下混凝土包裹环境中的 GFRP 筋（溶液为碱环境）为参照，对不同持续荷载水平下混凝土包裹环境中 GFRP 筋的抗拉性能退化规律进行研究。图 4.43 给出了持续弯曲荷载水平为 0、25%且在碱溶液中浸泡后混凝土环境中 GFRP 筋抗拉性能随时间的变化规律。

①从图 4.43(a)中可以看出，在 40℃环境中，GFRP 筋抗拉强度退化率随着持续荷载的增大有增加趋势，持续荷载水平为 25%的 GFRP 筋浸泡 180d 和 300d 后，其抗拉强度退化率与无持续荷载 GFRP 筋相比，分别增加了 2.3%和 5.2%。这说明在温度相同的环境下，持续弯曲荷载加速了 GFRP 筋抗拉强度的退化速率，但是当持续荷载水平较小时，这种加速效果并不明显。

②图 4.43(c)给出了 20℃和 60℃环境下 GFRP 筋抗拉强度保留率与持续荷载之间的对应关系，可以看到，GFRP 筋在 20℃环境中浸泡 40d、90d、180d 和 300d 后，其抗拉强度分别下降了 7.8%、12.5%、16.2% 和 17.4%；与无持续荷载作用相比，持续荷载为 25%的 GFRP 筋抗拉强度退化率分别增加了 2.8%、2.2%、3.6%和 4.0%；持续荷

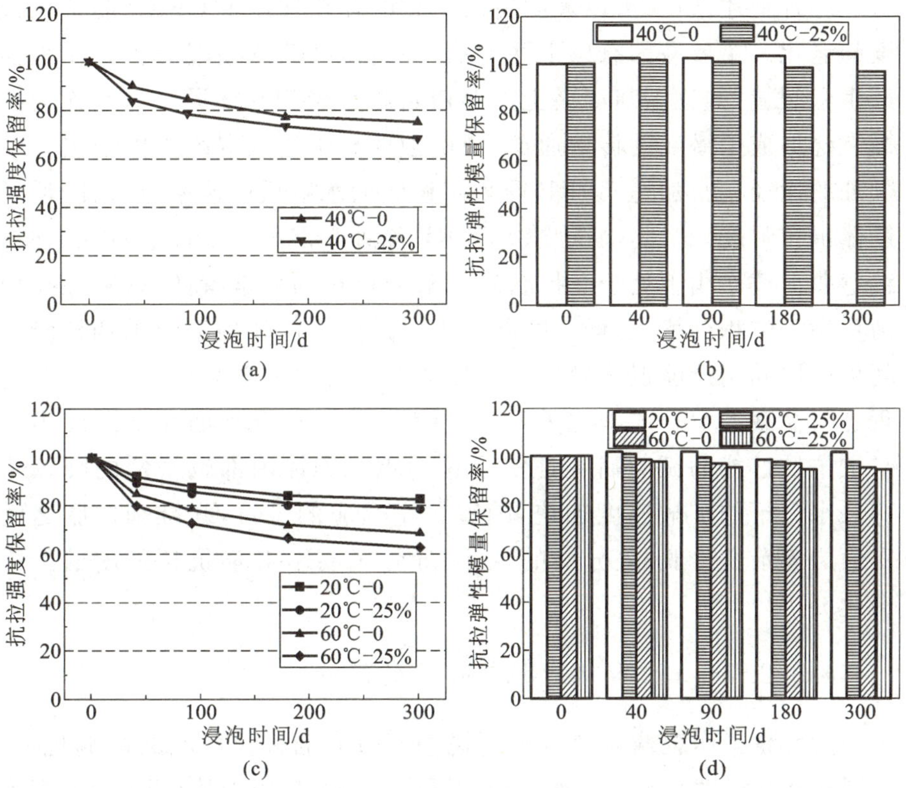

图 4.43 不同持续荷载水平下 GFRP 筋抗拉性能随时间变化规律

(a)抗拉强度/40℃；(b)抗拉弹性模量/40℃；

(c)抗拉强度/20℃、60℃；(d)抗拉弹性模量/20℃、60℃

载为 25%的 GFRP 筋在 60℃环境中浸泡 40d、90d、180d 和 300d 后，与相同环境下无持续荷载的 GFRP 筋相比，抗拉强度退化率分别增加了 5.0%、5.8%、5.3%和 6.1%。这表明持续荷载水平对 GFRP 筋抗拉强度退化有较大影响，且随着温度的升高，持续荷载所造成退化的效果愈加显著。

③从图 4.43(b)、(d)中可以看出，持续荷载水平对 GFRP 筋抗拉弹性模量的影响并不显著。以 60℃环境下浸泡 300d 为例，荷载水平为 0 和 25%的 GFRP 筋抗拉弹性模量分别下降 4.7%和 5.9%，而 20℃和 40℃环境下荷载水平为 0 的 GFRP 筋的弹性模量甚至出现了增大的现象。

综合上述结论，可以表明持续荷载的存在加速了 GFRP 筋抗拉强度的老化。主要原因有以下两方面：一是持续荷载使混凝土试件表面产生微裂缝，并逐渐与混凝土内部初始微裂缝相互连通。这些连通的微裂缝形成了潜在的传输通道，为侵蚀性离子进入混凝土内部提供了额外的途径[189]，加速 GFRP 筋表层树脂的水解反应速率，从而降低了筋体抗拉强度。二是本试验中 GFRP 筋处于混凝土试件受拉区，在持续弯曲荷载作用下处于受拉状态。根据材料的力学特性，材料在拉应力作用下体积会增大，增大的部分主要是由于筋体内部纤维和树脂之间界面层黏结性能退化导致结构松散造成的。一般来讲，这种松散的程度与荷载的大小成正比关系。文献[54]对 GFRP 筋在不同应力水平下抗拉性能的试验研究证实了这一点。筋体内部致密性的降低将导致水分子的扩散速度加快，随着化学反应的进行，纤维和树脂之间界面层逐渐发生脱黏、分层的现象，导致了 GFRP 筋抗拉强度的严重退化。

4.3.2.5　工作裂缝对抗拉性能的影响

为考察工作裂缝对混凝土环境中 GFRP 筋抗拉性能的影响规律，以同一环境温度和同一浸泡溶液下混凝土包裹环境中的 GFRP 筋（温度为 60℃，溶液为碱环境）为参照，研究了工作裂缝对混凝土包裹环境中 GFRP 筋的抗拉性能退化规律。图 4.44 给出了 60℃碱溶液中预裂组和非预裂组混凝土试件中 GFRP 筋抗拉性能随时间的变化规律。

从图 4.44 所示变化趋势可以看出：

①无裂缝混凝土梁试件中 GFRP 筋浸泡 300d 后，其抗拉强度下降了 32.5%；与无裂缝梁试件相比，有裂缝梁试件中 GFRP 筋抗拉强度退化率增加了 3.4%；且在其他腐蚀龄期内，带裂缝试件中 GFRP 筋的退化程度均大于不带裂缝试件，这说明裂缝的出现加重了外界侵蚀环境对 GFRP 筋抗拉强度退化的影响。另外可以看到，带裂缝试件与不带裂缝试件中 GFRP 筋抗拉强度退化趋势大致相同，这表明裂缝的存在并未改变筋体抗拉强度的退化机理。

②在浸泡 40d、90d、180d 和 300d 后，非预裂试件中 GFRP 筋抗拉

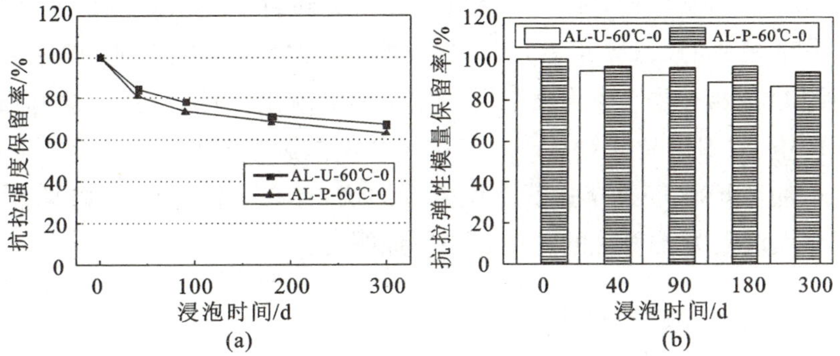

图 4.44 工作裂缝对 GFRP 筋抗拉性能影响随时间变化规律

(a)抗拉强度；(b)抗拉弹性模量

弹性模量退化率分别为－1.6％、－0.4％、1.6％和 2.4％；与非预裂试件中 GFRP 筋相比，预裂试件中 GFRP 抗拉弹性模量退化率分别增加了 3.4％、3.9％、1.6％和 2.3％。这表明工作裂缝对 GFRP 筋抗拉弹性模量的影响并不明显，部分试件出现了弹性模量提高的现象，抗拉模量的衰减量在整个试验过程中不超过 4％。

图 4.45 所示为工作裂缝与荷载共同作用对 GFRP 筋抗拉性能的影响随时间的变化规律。从图 4.45(a)中可以看出，在无持续荷载混凝土环境下，pre-0 和 unpre-0 试件浸泡 40d 后 GFRP 筋抗拉强度退化率分别为 18.6％和 15.3％，随着腐蚀时间的增加，退化程度也在不断增加，浸泡 300d 后，pre-0 和 unpre-0 试件中 GFRP 筋抗拉强度退化率分别为 36.9％

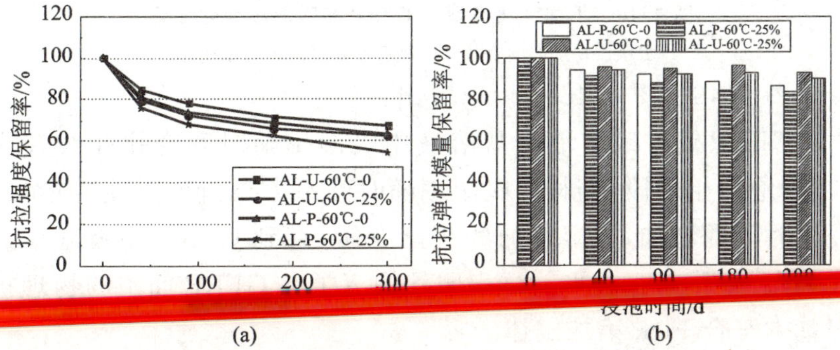

图 4.45 工作裂缝与荷载共同作用对 GFRP 筋抗拉性能影响随时间变化规律

(a)抗拉强度；(b)抗拉弹性模量

和 32.5%。与其相比，pre-25%和 unpre-25%试件中 GFRP 筋抗拉强度退化率分别增加了 5.1%和 8.7%。这表明 GFRP 筋抗拉强度退化率在有工作裂缝的混凝土试件中均大于无工作裂缝混凝土试件。在无持续荷载混凝土环境下，工作裂缝对 GFRP 筋抗拉强度的影响较小，随着持续荷载水平的增加，GFRP 筋抗拉强度退化速率加快，且有工作裂缝混凝土环境比无工作裂缝混凝土环境的退化趋势更加明显。

4.3.3　吸湿性能

吸湿性能反映了侵蚀离子在 GFRP 筋中的扩散规律。吸湿性能通常采用侵蚀前后 GFRP 筋的质量变化量来表示。图 4.46～图 4.49 给出了混凝土包裹环境中 GFRP 筋试件在不同浸泡龄期吸湿量随时间及时间平方根的变化规律。

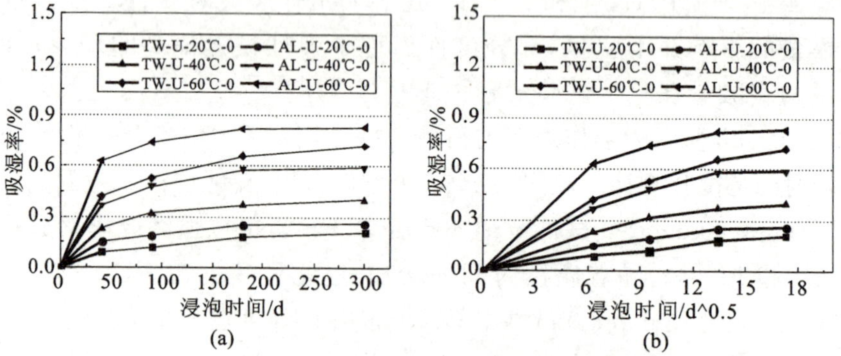

图 4.46　不同溶液类型中 GFRP 筋吸湿率变化曲线

(a)吸湿率随时间变化；(b)吸湿率随时间平方根变化

从图 4.46～图 4.48 中可以看出：

①GFRP 筋在碱溶液和盐溶液中吸湿率随时间变化曲线较为相似，在浸泡初始阶段，筋材的吸湿率随时间平方根近似呈线性增加，随着浸泡时间的增加，吸湿率曲线逐渐变缓，直到 GFRP 筋吸湿率达到平衡状态，曲线趋于水平。这表明侵蚀离子在 GFRP 筋中的物理扩散过程基本符合 Fick 第二定律。

②温度对 GFRP 筋吸湿性能有较大影响。在 20℃、40℃和 60℃的碱溶液中浸泡 300d 后，混凝土包裹环境下 GFRP 筋的吸水率分别为

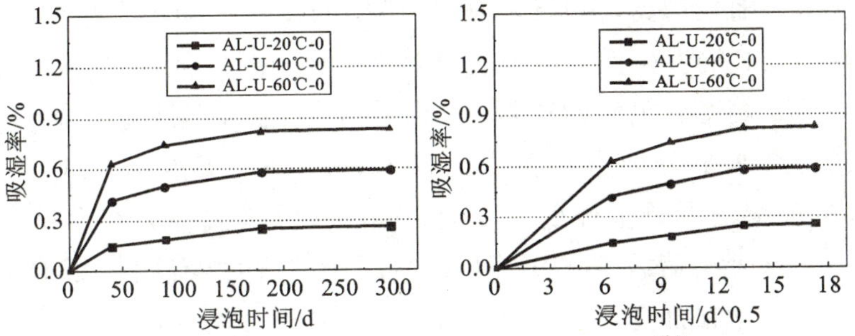

图 4.47 不同温度下 GFRP 筋吸湿率变化曲线

(a)吸湿率随时间变化(b)吸湿率随时间平方根变化

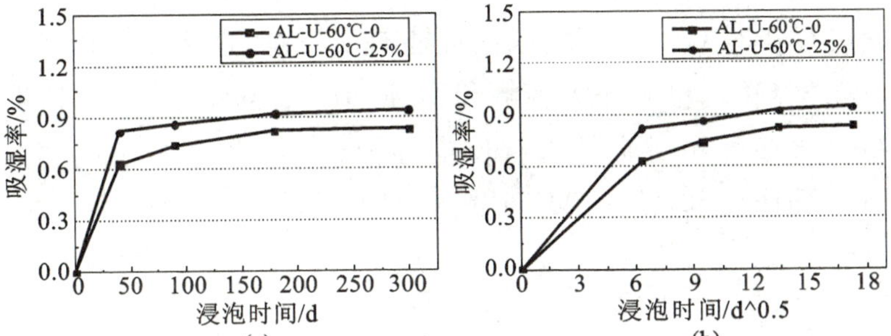

图 4.48 不同荷载水平下 GFRP 筋吸湿率变化曲线

(a)吸湿率随时间变化；(b)吸湿率随时间平方根变化

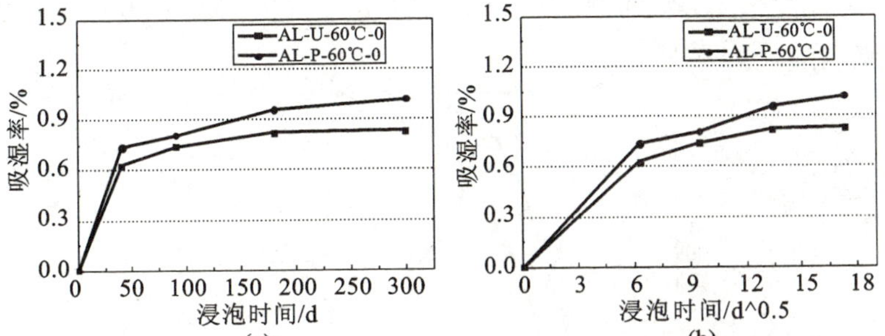

(a)吸湿率随时间变化；(b)吸湿率随时间平方根变化

0.26％、0.59％和 0.83％。这是因为当温度较低时，侵蚀离子在 GFRP 筋基体交联网络的跃迁运动受到限制。随着环境温度的升高，侵蚀离子的能量也随之增高，在基体交联网络中的跃迁运动越来越强烈，侵蚀离子与 GFRP 筋发生反应的速度也随之增大，在材料内部造成的孔隙导致了 GFRP 筋产生更多的缺陷，从而使 GFRP 筋吸湿性能增强。

③荷载水平分别为 0 和 25％的 GFRP 筋在温度为 60℃、湿度为 100％的碱溶液混凝土环境中浸泡 300d 后，其吸湿率分别为 0.83％和 0.94％。这表明荷载水平对 GFRP 筋的吸湿性能有明显影响。这是由于荷载的存在加速了 GFRP 筋内部孔洞的发展和纤维与树脂界面的脱黏，形成界面空隙，从而使得 GFRP 筋吸湿性能增强。

④在 60℃的碱溶液中浸泡 300d 后，带工作裂缝和无工作裂缝的混凝土试件中 GFRP 筋的吸湿率分别为 1.02％和 0.83％。这表明工作裂缝的存在对 GFRP 筋的吸湿性能有所影响，这主要是由于工作裂缝的存在为 OH^- 和水分子接触和腐蚀 GFRP 筋提供了额外的渠道，使得 GFRP 筋外层树脂的水解反应加快，OH^- 和水分子更容易渗透到 GFRP 筋体内部，使得 GFRP 筋吸湿率增大。

4.3.4　FTIR 和 DSC 分析

为了深入研究混凝土环境下 GFRP 筋抗拉强度的退化机理，将 AL-U-60℃-0 试件浸泡 300d 后取出，对 GFRP 筋进行傅立叶红外光谱(FTIR)分析，红外光谱如图 4.50 所示。其中 AL-U-60℃-0 为腐蚀后试样；CON 为对照试样。

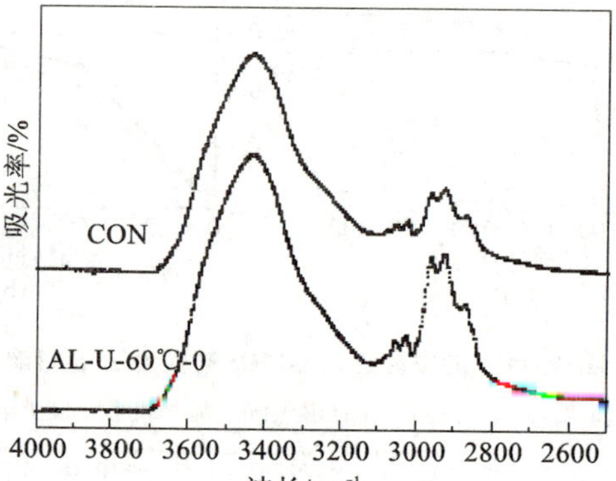

图 4.50　试样红外光谱对比图

通常不同分子中同一类型的基团振动频率比较接近，羟基的强吸收谱带一般在 3300～3650cm^{-1}附近。从图 4.50 中可以看出，在羟基伸缩振动范围内，两条曲线的吸收峰强度相差不大，即腐蚀前后 GFRP 筋中羟基数量没有发生明显变化，这说明加速老化试件中 GFRP 筋在 60℃的碱溶液中浸泡 300d 后并没有发生显著的水解反应。此外，两种试件光谱图并没有出现任何新的特征吸收峰，说明树脂基体在混凝土碱环境中酯键断裂后并没有产生新的基团，而水解断裂造成的分子链变短在红外光谱中又不能有效地表征出来。

表 4.10 不同环境下 GFRP 筋玻璃化温度

试件标号	环境温度(℃)	老化时间(d)	玻璃转化温度(℃)		固化率(%)
			第一次 T_g	第二次 T_g	
CON	—	—	123	125	98.4
AL-U-40℃-0	20	300	121	124	97.6
AL-U-60℃-0	40	300	120	124	96.8

通过差示扫描量热法(DSC)对混凝土环境下 GFRP 筋的玻璃化温度进行测量，表 4.10 给出了处于不同环境下 GFRP 筋第一次和第二次加热扫描得到的玻璃化温度。可以看出，不同环境下 GFRP 筋第二次加热扫描得到的玻璃化温度均大于第一次，这说明 GFRP 筋并没有完全固化，在第二次加热扫描的过程中发生了后固化反应；AL-U-40℃-0 和 AL-U-60℃-0 试件中 GFRP 筋的第一次加热扫描温度与对比试件相比分别减小了 1.6%和 2.4%。这主要是由于树脂基体在碱性和温度升高的环境中发生了不可逆的化学老化反应，但总体而言对其热学性能影响不大。

结合 FTIR 和 DSC 的分析结果可知，混凝土环境中 GFRP 筋中树脂基体并没有产生明显的损伤和性能退化。

4.5.3 抗拉强度退化机理

基于上述试验结果，结合前期试验结论可知混凝土环境下 GFRP 筋抗拉强度的退化主要包括树脂基体的水解、玻璃纤维的腐蚀以及树脂基体与玻璃纤维间界面层的脱黏三个部分。其中，树脂与纤维之间界面层的剥离和脱黏是造成 GFRP 筋抗拉性能降低的主要原因。退化过程大致可以分为以下三个阶段：

①混凝土在初凝期间由于水泥水化反应使得孔隙液呈强碱性，OH^- 和水分子主要通过扩散和毛细运动进入 GFRP 筋内部，直接与 GFRP 筋中的玻璃纤维接触发生蚀刻反应，使得玻璃纤维中的 Si—O 网络断裂，化学反应为：

$$\text{Si—O—Si} + OH^- \longrightarrow \text{Si—OH(solid)} + \text{Si—O}^- \quad (4\text{-}5)$$

与此同时，被破坏的 Si－O 网络继续与周围水分子发生水解反应，如式(4-6)所示，生成大量 OH^-，使得化学反应式(4-5)反应速率加快。

$$\text{Si—O}^- + H_2O \longrightarrow \text{Si—OH} + OH^- \quad (4\text{-}6)$$

式(4-5)和式(4-6)的反应结果导致 GFRP 筋表面形成缺陷损伤，纤维强度降低。另外，$HSiO_3^-$ 和 SiO_3^{2-} 等将从玻璃纤维表面析出，形成白色状物体，与上述试验得到的现象一致。

②随着混凝土逐渐硬化及碳化反应的进行，混凝土中的水分大量被消耗或蒸发，与此同时，空气中的 CO_2 通过混凝土孔隙气相向混凝土内部扩散并溶解于孔隙水溶液，产生的碳酸与水化产物 $Ca(OH)_2$ 发生碳化反应，使得混凝土孔隙液 pH 值逐渐降低，该过程称为混凝土碳化。随着碳化深度的增加，其 pH 值降低幅度逐渐减缓，当达到一定碳化深度时，可以认为 pH 值趋于定值[197]。本书试验用的混凝土梁试件中 GFRP 筋的保护层厚度为 30mm，且放置在相对湿度为 100%的环境中，混凝土内部水分为饱和状态，减少了 CO_2 进入混凝土内部的机会，完全碳化深度很小，因此可以认为混凝土完全硬化后 GFRP 筋所处混凝土环境 pH 值保持不变。此时混凝土环境对 GFRP 筋抗拉性能的劣化不仅没有影响，反而作为保护层抵御了外界侵蚀介质对 GFRP 筋的侵蚀。

③混凝土环境下 GFRP 筋在模拟服役状态浸泡在碱溶液中时，OH^- 和水分子通过扩散与渗透等途径向混凝土内部移动，或者直接穿过弯曲微裂缝与 GFRP 筋接触并发生水解反应。在持续荷载作用

下，混凝土环境中 GFRP 筋一直处于受拉状态，在拉应力作用下 GFRP 筋树脂基体中的初始缺陷与孔隙会形成应力集中而生成微裂缝，OH^- 和水分子通过这些“微裂缝捷径”渗透至 GFRP 筋内部造成侵蚀，从而加速 GFRP 筋力学性能的退化。与此同时，树脂基体在水分子的扩散和渗透作用下发生溶胀现象，导致树脂基体与玻璃纤维之间的黏结性能降低。随着浸泡时间的增加，水分子会使树脂塑性增加，并且促进微裂缝的形成。在潮湿的腐蚀环境中，较弱的界面层致使树脂基体在渗透压作用下开裂，另外由于界面层不同膨胀程度引起的界面层脱黏和分层，使得纤维之间传递应力的有效性降低，最终导致 GFRP 筋拉伸性能的退化。

综上所述，结合 SEM 分析结果可知，在加速老化时间相对较短的试件中，纤维并没有受到明显的损伤和腐蚀。因此可以认为 GFRP 筋在混凝土环境下性能退化机理主要是纤维与树脂之间界面层的剥离和脱黏，且随着树脂基体吸水量的增加，界面层在物理反应（树脂的膨胀、渗透压）和化学反应（Si—O 键的水解反应）下发生剥离破坏的程度也在逐渐增大。GFRP 筋在混凝土环境中抗拉强度退化机理示意图如图 4.51 所示。

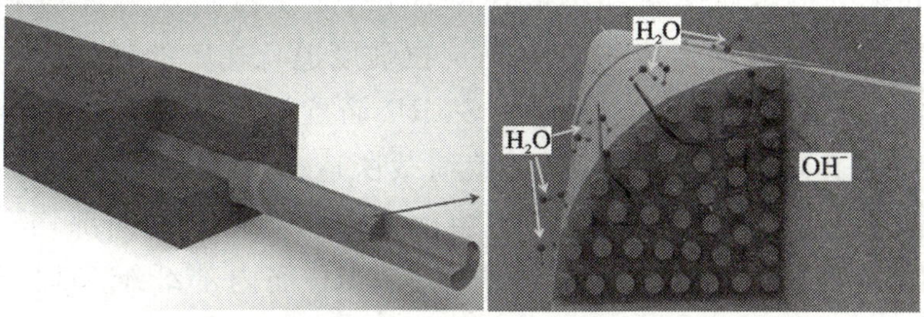

图 4.51　GFRP 筋在混凝土环境中抗拉强度退化机理示意图

4.4　小　　结

本章对混凝土梁中 GFRP 筋的抗拉性能进行了试验研究，分析了不同环境温度（20℃、40℃、60℃）、不同溶液浸泡（碱溶液和自来水溶液）、不同荷载水平（0、25%）以及浸泡时间（40d、90d、180d、300d）等因素对 GFRP 筋抗拉强度的影响。主要结论如下：

①混凝土早期硬化阶段对 GFRP 筋抗拉强度的退化有一定程度影响，但并不会引起 GFRP 筋抗拉强度的大幅退化。在室外环境中放置 60d、120d、180d、360d 后，混凝土梁试件中 GFRP 筋的抗拉强度分别下降了 3.8%、6.6%、7.4%、8.3%；相比室外自然老化环境而言，室内环境的温度和湿度均处于相对稳定的状态，GFRP 筋抗拉强度的退化出现在试验初期，试验过程中强度保留率始终保持在 93%以上，退化迹象并不显著。

②在 60℃的自来水环境中浸泡 40d、90d、180d 和 300d 后，荷载水平为 0 的混凝土包裹环境中 GFRP 筋的抗拉强度分别下降了13.4%、17.7%、25.6%和 29.3%；与自来水环境相比，碱溶液中 GFRP 筋抗拉强度退化率分别增加了 1.9%、3.9%、2.8%和 3.2%。碱溶液和自来水环境对混凝土包裹环境中 GFRP 筋的抗拉弹性模量的影响并不明显，部分试件出现弹性模量增大的现象。

③环境温度的升高加速了混凝土环境中 GFRP 筋抗拉强度的退化速率，且温度越高，加速趋势越明显。究其原因，温度的升高使得 OH^- 和水分子运动速率和扩散速率加快，促使树脂水解反应和侵蚀反应速率提高，从而造成 GFRP 筋抗拉强度退化速率的增加。

④持续荷载对混凝土环境中 GFRP 筋抗拉强度的退化程度有一定的影响，且随着温度的升高，持续荷载所造成退化的效果愈加显著。主要是因为在持续荷载作用下，混凝土截面和 GFRP 筋内部均会产生拉应力，使得混凝土内部微裂缝增多、GFRP 筋内部纤维和树脂界面层黏结性能会逐渐退化而导致结构松散，持续荷载越大，退化率越快。

⑤无论是否有持续荷载，GFRP 筋抗拉强度退化率在有工作裂缝的混凝土试件中均大于无工作裂缝混凝土试件。在无持续荷载混凝土环境下，工作裂缝对 GFRP 筋抗拉强度的影响较小，随着持续荷载水平的增加，GFRP 筋抗拉强度退化速率加快，且有工作裂缝混凝土环境比无工作裂缝混凝土环境的退化趋势更加明显。

5 GFRP 筋加速老化与自然老化相关性研究

5.1 引　言

对于评价 FRP 筋在实际混凝土环境中的抗拉强度的退化性能，自然暴露老化无疑是最可靠的老化试验方法，但是由于自然暴露老化试验周期过长，要得到较好的试验效果，需要几年甚至几十年[198][199]。为了缩短试验周期，在较短的时间内获得 FRP 筋老化试验结果，越来越多的研究者采用人工加速老化的试验方法，在不改变 FRP 筋强度退化机理或尽量减少新的老化形式的前提下，探索 FRP 筋自然暴露老化和加速老化试验的相关性，为实际预测 FRP 筋在混凝土结构中的服役期提供可靠的依据。

在混凝土环境中使用的 GFRP 筋主要是利用其较高的抗拉强度，所以研究 GFRP 筋自然老化和加速老化间的相关性应以抗拉强度为表征手段。本章根据第 3、第 4 章的加速老化与自然老化试验结果，以抗拉强度为表征手段，采用灰色关联分析方法对 GFRP 筋在自然老化环境和人工加速老化环境之间的相关性进行定量分析，探讨了 GFRP 筋抗拉强度下降的主要环境因素，并得到了加速老化环境和自然老化环境之间的加速因子。

5.2 GFRP 筋加速老化与自然老化抗拉性能变化规律

5.2.1 GFRP 筋加速老化与自然老化抗拉强度变化规律

文献[61]中将 FRP 筋放置在自然环境中一年后，其抗拉强度与出厂时相比没有降低，反而略有提高，这表明 FRP 筋材在自然环境下的耐久性能很好。将人工加速老化数据与裸筋自然老化数据对比分析意义不大，因此本章中所指自然老化环境均为混凝土条件下 GFRP 筋的室外自然老化环境。

为考察 GFRP 裸筋在人工加速老化环境和自然老化环境中抗拉强度的变化规律，将本书中第 3 章 GFRP 筋加速老化试验数据与第 4 章混凝土条件下 GFRP 筋的加速老化试验数据进行了分析，如图 5.1 所示。

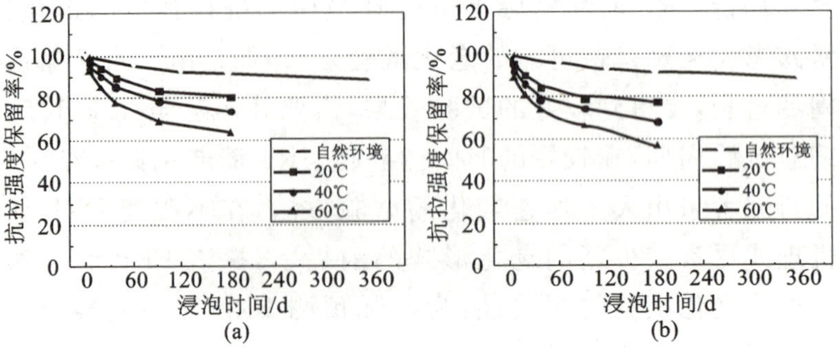

图 5.1　GFRP 筋加速老化与自然老化抗拉强度变化规律

(a)盐溶液环境；(b)碱溶液环境

由图 5.1 可知，GFRP 裸筋直接浸泡在碱、盐等腐蚀性溶液中的抗拉强度退化程度和退化速率均大于自然老化环境，退化程度的差距也在逐渐加大。在加速老化初期，GFRP 筋抗拉强度退化较快，随着浸泡时间的增加，退化趋势逐渐变缓。与加速老化试验抗拉强度退化规律类似，自然老化环境中 GFRP 筋抗拉强度也出现了退化，但是下降速率明显缓于加速老化环境，试验期间 GFRP 筋抗拉强度保持在 88%以上。

5.2.2　混凝土环境中 GFRP 筋加速老化与自然老化抗拉强度变化规律

以不预裂梁、持续荷载水平为 0 的试件中 GFRP 筋抗拉强度为基准，与自然老化环境中 GFRP 筋抗拉强度的变化规律进行了对比分析，图 5.2 为水溶液浸泡和碱溶液浸泡下混凝土环境中 GFRP 筋抗拉强度与自然老化环境抗拉强度随时间的变化规律。

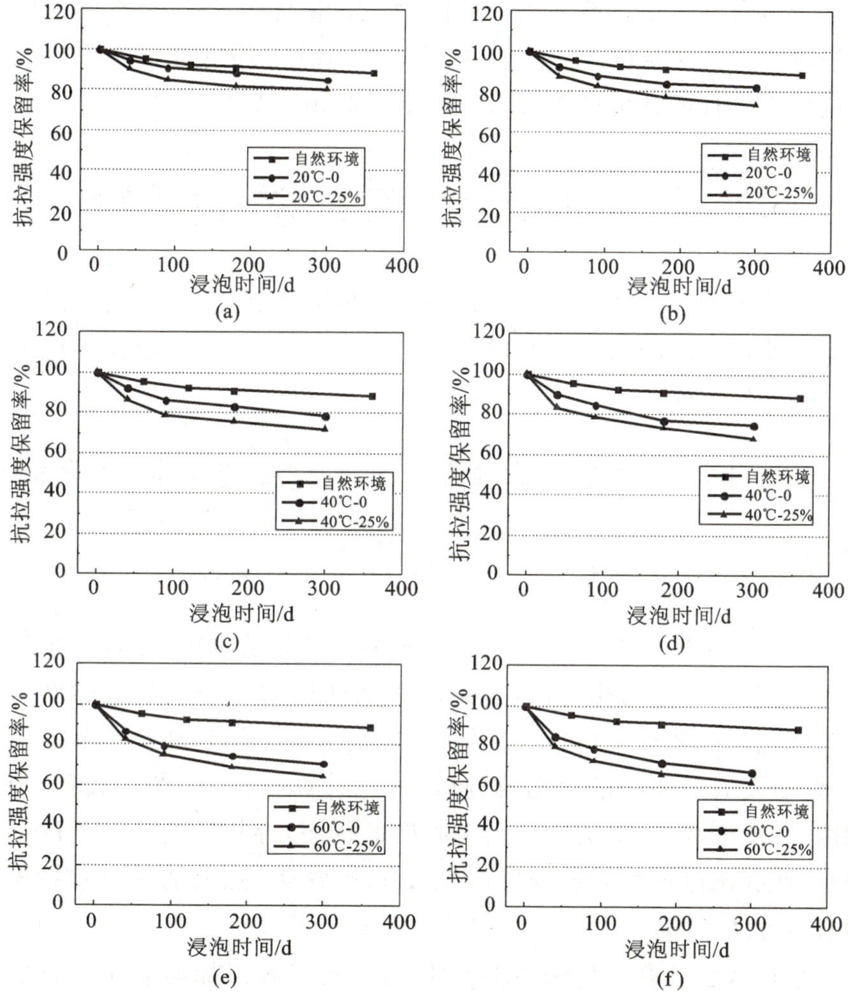

图 5.2 混凝土环境中 GFRP 筋加速老化与自然老化抗拉强度变化规律

(a)20℃水溶液浸泡；(b)20℃碱溶液浸泡；(c)40℃水溶液浸泡；

(d)40℃碱溶液浸泡；(e)60℃水溶液浸泡；(f)60℃碱溶液浸泡

由图 5.2 中可以看出：

①混凝土环境中 GFRP 筋加速老化与自然老化环境下抗拉强度的退化趋势一致，均是随着时间的增加而降低，但是混凝土梁中 GFRP 筋在加速老化环境下的抗拉强度退化程度和退化速率均大于

自然老化环境，退化程度的差距随浸泡时间的增加在逐渐加大。

②与自然老化环境相比，环境温度、溶液类型、持续荷载水平以及浸泡时间等加速条件均对混凝土环境中 GFRP 筋的退化速率起到了促进作用。具体分析过程可以参照第 4 章相关章节。

5.3　自然老化试验与加速老化试验的相关性

材料的相关性通常是指材料特征发生同样特定改变的情况下，自然老化所用的时间与人工加速老化试验得出的结果与储存环境或使用环境趋同的能力。

5.3.1　自然老化试验与人工加速试验之间的关联度

5.3.1.1　理论方法

灰色理论中的灰色关联分析是从不完全的信息中，通过一定的数据处理，找出不同的相关法，根据因素之间发展态势的相似程度来衡量各因素解决的程度[200][201]。灰色系统关联分析作为一种系统分析技术，是发展态势的量化比较分析，通过计算目标值（参考数列）与影响因素（比较数列）的关联度及关联度的排序，寻找影响目标值的主要因素，在我国已成为系统分析、建模、预测、决策、控制的一种独特思路和崭新方法[202][203][204]。

采用灰色关联分析法对 GFRP 筋实验室人工加速老化与自然老化的相关性进行定量分析，分析过程如下。

（1）将主行因子确定为参考系列，各因素因子确定为比较系列

自然老化安排了 5 次取样，各种人工加速老化试验工况都相应安排了 5 次对应取样，因此为计算方便，本书中分别以自然环境老化试验数据为参考系列，以各种人工加速老化试验数据为比较系列。

（2）无量纲化处理

本章取抗拉强度保留率为基本数据，计算保留率过程中已进行无

量纲化处理。

(3)计算关联系数

经无量纲化处理后的参考系列和比较系列分别为:

$x_0=\{x_0(k),k=1,2,\cdots,10\}$;$x_i=\{x_i(k),k=1,2,\cdots,10,i=1,2,\cdots,5\}$

根据关联系数计算方法,计算关联系数为:

$$\varepsilon_i(k)=\frac{\min\Delta_i(k)+\rho\max\Delta_i(k)}{\Delta_i(k)+\rho\max\Delta_i(k)} \tag{5-1}$$

式中 $\min\Delta_i(k)$—— 两序列的最小差,$\min\Delta_i(k)=\min|x_0(k)-x_i(k)|$;

$\max\Delta_i(k)$—— 两序列的最大差,$\max\Delta_i(k)=\max|x_0(k)-x_i(k)|$;

$\Delta_i(k)$—— 两序列之间的差,$\Delta_i(k)=|x_0(k)-x_i(k)|$;

ρ—— 分辨系数,常取 $\rho=0.5$。

(4)计算关联度 $r_i=\frac{1}{n}\sum_{k=1}^{n}\varepsilon_i(k)$

根据 r_i 的大小来确定人工加速老化试验与自然老化试验之间的相关程度,r_i 值越大,表明该加速老化环境与自然老化环境相关程度越大。

5.3.1.2 关联度计算

以混凝土梁浸泡在碱溶液环境为例,按照上节的理论方法分别以20℃、40℃和60℃三种温度条件下的抗拉强度保留率为参量计算自然老化试验与各种人工加速老化试验的关联度,计算结果见表5.1、表5.2和表5.3。然后将每种加速老化试验方法中以三种环境温度条件计算所得的关联度取平均值,即得到该种人工加速老化试验与自然老化试验的平均关联度,见表5.4。

表 5.1 20℃环境温度下加速老化试验与自然老化试验关联度

	自然老化	裸筋+碱环境	裸筋+盐环境	混凝土+碱溶液浸泡	混凝土+[illegible]
抗拉强度保留率(%)	95.5	90.2	94.2	92.2	94.3
	92.4	84.4	89.8	87.5	90.6
	91.3	79.2	83.5	83.8	87.1
	88.7	77.4	81.7	82.6	84.5

续表 5.1

	自然老化	裸筋＋碱环境	裸筋＋盐环境	混凝土＋碱溶液浸泡	混凝土＋水溶液浸泡
关联系数		0.6388	0.9864	0.7754	1.0000
		0.5160	0.8382	0.6621	0.9236
		0.3994	0.5235	0.5351	0.7073
		0.4179	0.5556	0.5967	0.7073
关联度		0.493	0.726	0.642	0.835

表 5.2　40℃环境温度下加速老化试验与自然老化试验关联度

	自然老化	裸筋＋碱环境	裸筋＋盐环境	混凝土＋碱溶液浸泡	混凝土＋水溶液浸泡
抗拉强度保留率(%)	95.5	86.4	90.4	89.7	92.2
	92.4	78.2	85.3	84.4	86.3
	91.3	74.5	78.6	77.0	83.2
	88.7	68.3	73.7	74.7	78.6
关联系数		0.6995	0.8824	0.8438	1.0000
		0.5533	0.7803	0.7418	0.8282
		0.5000	0.5895	0.5510	0.7377
		0.4412	0.5357	0.5579	0.6650
关联度		0.548	0.697	0.674	0.808

表 5.3　60℃环境温度下加速老化试验与自然老化试验关联度

	自然老化	裸筋＋碱环境	裸筋＋盐环境	混凝土＋碱溶液浸泡	混凝土＋水溶液浸泡
抗拉强度保留率(%)	95.5	80.6	84.6	84.7	86.6
	92.4	73.4	77.5	78.4	82.3
	91.3	65.7	68.6	71.6	74.4
	88.7	56.2	63.4	67.5	70.7
关联系数		0.8074	0.9263	0.9298	1.0000
		0.7135	0.8074	0.8314	0.9545
		0.6010	0.6457	0.6996	0.7587
		0.5159	0.6053	0.6716	0.7343
关联度		0.659	0.746	0.783	0.862

表 5.4 不同温度条件下加速老化与自然老化试验的关联度

温度(℃)	裸筋+碱环境	裸筋+盐环境	混凝土+碱溶液浸泡	混凝土+水溶液浸泡
20	0.493	0.726	0.642	0.835
40	0.548	0.697	0.674	0.808
60	0.659	0.746	0.783	0.862
平均值	0.567	0.723	0.700	0.835

根据平均关联度的大小即可估计影响 GFRP 筋抗拉性能下降的主要因素。从平均关联度看,在四种人工加速老化试验中,GFRP 筋混凝土梁浸泡在水溶液环境下加速老化与自然老化的关联度较大,均在0.8 以上,因此可用 GFRP 筋混凝土梁浸泡在水溶液环境来模拟自然老化试验。其中以温度 60℃条件为参量对自然老化试验的关联度最大,达到了 0.862,故以此种工况为例来计算加速因子。

5.3.2 自然老化试验与人工加速老化试验之间加速因子

5.3.2.1 理论方法

(1)回归方程

如果因变量 y 与自变量 x 之间是直线关系,根据 n 对观测值所描绘出的散点图,把变量 y 与 x 内在联系的总体直线回归方程记为 $y=\alpha+\beta x$,由于因变量的实际观测值总是带有随机误差,因而实际观测值可表示为:

$$y_i = \alpha + \beta x_i + \varepsilon_i \quad (i = 1,2,\cdots,n) \tag{5-2}$$

其中,ε_i 为相互独立,且都服从 $N(0,\sigma^2)$分布的随机变量。根据实际观测值对 α,β 以及方差 σ^2 做出估计。

设样本直线回归方程为:

$$\hat{y} = \bar{\alpha} + \bar{\beta}x \tag{5-3}$$

其中,$x=\log(t)$,t 为时间,$\bar{\alpha}$ 为 α 的估计值,$\bar{\beta}$ 为 β 的估计值。

回归直线在平面坐标中的位置取决于 $\overline{\alpha}$ 和 $\overline{\beta}$ 的取值，为了使 $\hat{y}=\overline{\alpha}+\overline{\beta}x$ 能最好地反映 y 和 x 两变量间的数量关系，根据最小二乘法，$\overline{\alpha}$ 和 $\overline{\beta}$ 应使回归估计值与观测值的偏差平方和最小，即：

$$Q=\sum_{i=1}^{n}(y_i-\overline{y})^2=\sum_{i=1}^{n}(y_i-\overline{\alpha}-\overline{\beta}x)^2 \tag{5-4}$$

令 Q 对 $\overline{\alpha}$ 和 $\overline{\beta}$ 的一阶偏导数等于 0，有：

$$\frac{\partial Q}{\partial \alpha}=-2\sum_{i=1}^{n}(y_i\overline{\alpha}-\overline{\beta}x)=0,\ \frac{\partial Q}{\partial \beta}=-2\sum_{i=1}^{n}(y_i\overline{\alpha}-\overline{\beta}x)x=0 \tag{5-5}$$

整理关于 $\overline{\alpha}$ 和 $\overline{\beta}$ 的正规方程组得到：

$$\begin{cases}\overline{\alpha}n+\overline{\beta}\sum\limits_{i=1}^{n}x_i=\sum\limits_{i=1}^{n}y_i\\ \overline{\alpha}\sum\limits_{i=1}^{n}x_i+\overline{\beta}\sum\limits_{i=1}^{n}x_i^2=\sum\limits_{i=1}^{n}x_iy_i\end{cases} \tag{5-6}$$

解方程组得：

$$\begin{cases}\overline{\beta}=\dfrac{\sum\limits_{i=1}^{n}(x_i-\overline{x})(y_i-\overline{y})}{\sum\limits_{i=1}^{n}(x_i-\overline{x})^2}\\ \overline{\alpha}=\overline{y}-\beta\overline{x}\end{cases} \tag{5-7}$$

其中，$\overline{x}=\dfrac{1}{n}\sum\limits_{i=1}^{n}x_i$，$\overline{y}=\dfrac{1}{n}\sum\limits_{i=1}^{n}y_i$。

(2)直线回归的显著性检验——F 检验

x 和 y 两个变量之间是否存在直线关系，可用 F 检验法进行检验。在无效假设成立的条件下，回归均方与离回归均方的比值服从 $df_1=1$ 和 $df_2=n-2$ 的 F 分布，所以可以用 $F=\dfrac{S_R}{\frac{S_e}{(n-2)}}$ 来检验回归关系即回归方程的显著性。其中，$S_e=\sum\limits_{i=1}^{n}(y_i-\overline{y_i})^2=\sum\limits_{i=1}^{n}(y_i-\overline{\alpha}-\overline{\beta}x_i)^2$；$S_T=\sum\limits_{i=1}^{n}(y_i-\overline{y})^2$；$S_R=S_T-S_e$。

对于给定的显著性水平 α，当 $F \geqslant F_{\alpha}(1, n-2)$ 时，认为线性回归效果显著，即 y 和 x 之间存在显著的线性相关关系；当 $F < F_{\alpha}(1, n-2)$ 时，认为线性回归效果不显著，即 y 和 x 之间不存在显著的线性相关关系。

5.3.2.2 加速老化试验抗拉强度保留率与时间对数的回归方程

(1)直线回归方程的建立

由 5.3.1 节的计算分析可知，人工加速老化试验中，温度为 60℃、混凝土梁浸泡在水环境对应的工况与自然老化试验的关联度最大，因此可用此种工况的老化试验来模拟自然老化试验。

根据文献[53]、[59]、[100]的研究成果，人工加速老化试验抗拉强度保留率与老化时间对数的关系可以按线性回归进行计算。按5.3.2.1节所提的方法进行人工加速老化试验抗拉强度保留率 Y 与老化时间的对数 $\log(t)$ 的直线回归计算，以 60℃ 水溶液浸泡混凝土环境为例，详细计算过程见表 5.5。

表 5.5 抗拉强度保留率与时间的回归计算过程

i	$\log(t_i)(d)$	$Y_i(\%)$	$t_i-\bar{t}$	$Y_i-\bar{Y}$	$(t_i-\bar{t})^2$	$(Y_i-\bar{Y})^2$	$(t_i-\bar{t})(Y_i-\bar{Y})$
1	1.60	90.80	−0.47	8.10	0.22	65.61	−3.81
2	1.95	86.50	−0.12	3.80	0.01	14.44	−0.45
3	2.26	83.50	0.18	−4.10	0.03	16.81	−0.75
4	2.48	80.20	0.40	−7.80	0.16	60.84	−3.16
平均值	2.07	85.25					

表 5.6 自然老化抗拉强度保留率与时间的回归计算过程

i	$\log(t_i)(d)$	$Y_i(\%)$	$t_i-\bar{t}$	$Y_i-\bar{Y}$	$(t_i-\bar{t})^2$	$(Y_i-\bar{Y})^2$	$(t_i-\bar{t})(Y_i-\bar{Y})$
1	1.78	95.5	−0.39	3.53	0.15	12.43	−1.37
[illegible]	[illegible]	[illegible]	[illegible]	0.43	0.01	0.18	−0.04
3	2.26	91.3	0.09	−0.67	0.01	0.46	−0.06
4	2.56	88.7	0.39	−3.27	0.15	10.73	−1.27
平均值	2.17	92.0					

把表 5.5 的计算结果带入直线回归方程中回归系数的计算式，得到 $\bar{\alpha} = 117.6$，$\bar{\beta} = -18.9$，$S_T = 157.7$，$S_R = 154.2$，$S_e = 3.5$。所以直线关系为：

$$Y = 117.6 - 18.9\log(t) \tag{5-8}$$

(2)直线回归的显著性检验——F 检验

根据 F 检验方法中的 F 的计算公式得到，$F = \dfrac{13.924}{0.826/(5-2)} = 155.87 > F_{0.1}(1,3) = 5.54$，表明在温度为 60℃、混凝土梁浸泡在盐环境中的加速老化试验中，抗拉强度保留率 Y 与老化时间的对数 $\log(t)$ 存在线性关系。

5.3.2.3 加速因子计算

加速因子(Accelerated Factor，简称 AF)是指使材料性能发生相同变化时，自然老化所用的时间与人工加速老化所用的时间之比。这样可以找到一个换算系数，并将它乘以人工加速老化测试的时间来计算自然暴露使用时间。

同样按上一小节中所述直线回归方程回归系数计算方法，进行混凝土环境自然老化试验抗拉强度保留率 Y 与老化时间对数 $\log(t)$ 的回归分析，计算过程见表 5.6。经显著性验证，直线关系为：

$$Y = 110.7 - 8.6\log(t) \tag{5-9}$$

加速老化和自然老化拟合曲线如图 5.3(a)所示，可见，两条曲线并不平行，因此每一时间段计算出来的加速因子均不相同。为了得到两种老化环境下的转换关系，假定两条直线为平行关系，斜率取式(5-7)和式(5-8)斜率的平均值，将结果重新进行拟合，拟合曲线如图 5.3(b)所示。

修正后两种环境下的拟合参数见表 5.7。两组数据拟合的相关系数分别为 0.84 和 0.85，说明拟合效果较好。假定两种环境下 GFRP 筋达到相同剩余强度的时间分别为 $t_{自然}$ 和 $t_{加速}$，则有：

$$Y = 118 - 12\log(t_{自然}) = 103.4 - 12\log(t_{加速}) \tag{5-10}$$

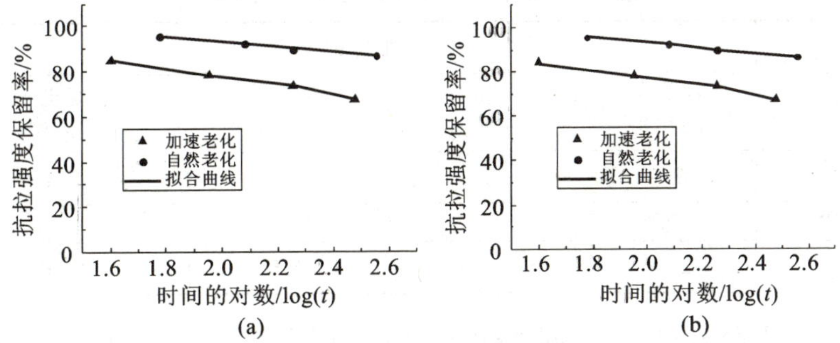

图 5.3　退化规律拟合曲线

(a)修正前；(b)修正后

表 5.7　拟合参数及相关系数

	自然环境	加速环境
a(斜率)	−12.0	−12.0
b(截距)	118.0	103.4
R^2(相关系数)	0.84	0.85

经过换算，可以得到 $t_{自然}/t_{加速}=16.6$，即 GFRP 筋在 60℃水溶液浸泡的混凝土环境中 1d 的腐蚀程度与自然老化环境中腐蚀 16.6d 的程度相当。该结果仅限于本书试验材料和试验环境，其他类型材料和试验环境还有待进一步的研究。

5.4　相关性评价

根据修正后的计算方法，以自然老化环境为基准，可以求得不同加速老化环境下达到相同腐蚀程度所需时间比值，即加速因子，计算结果见表 5.8。

由表 5.8 可知，4 组加速老化环境对 GFRP 筋腐蚀程度的大小依次是直接浸泡在碱溶液＞直接浸泡在盐溶液＞浸泡在碱溶液的混凝土环境＞浸泡在水溶液的混凝土环境，且随着温度的升高，加速因子也在逐渐升高，这说明温度加速了 GFRP 筋在侵蚀环境中的退化速率，这与前述试验结果是相对应的。

表 5.8　自然老化与加速老化加速因子

温度（℃）	加速因子			
	裸筋＋碱环境	裸筋＋盐环境	混凝土＋碱溶液浸泡	混凝土＋水溶液浸泡
20	9.0	3.4	4.4	2.4
40	19.2	7.7	9.4	4.1
60	23.6	23.0	21.5	16.6

由以上分析可见，不同老化环境条件因素对 GFRP 筋抗拉性能的影响程度是不同的，相应的加速因子也是不一样的，这也说明探求相关性的研究工作十分复杂。

5.5 小　结

基于第 4 章和第 5 章的试验数据，对 GFRP 筋在加速老化环境和自然老化环境下抗拉性能的变化规律进行了分析，采用灰色关联分析法计算了加速老化环境和自然老化环境的关联度，得到了加速老化环境和自然老化环境之间的加速因子。主要结论如下：

①GFRP 裸筋直接浸泡在碱、盐等腐蚀性溶液中的抗拉强度退化程度和退化速率均大于自然老化环境；与自然老化环境相比，环境温度、溶液类型、持续荷载水平以及浸泡时间等加速条件均对混凝土环境中 GFRP 筋的退化速率起到了促进作用。

②GFRP 筋自然老化和加速老化之间存在一定的相关性。从平均关联度看，GFRP 筋混凝土梁浸泡在水溶液环境加速老化对自然老化的关联度较大，均在 0.8 以上，其中以温度为 60℃条件时对自然老化试验的关联度最大，达到了 0.862，可用 GFRP 筋混凝土梁浸泡在水溶液环境来模拟自然老化试验，利用灰色关联分析对加速老化和自然老化的相关性进行定量分析是可行的。

③尝试建立了 GFRP 筋在混凝土环境与碱溶液直接浸泡环境之间的转换关系，求得加速因子为 16.6，即 GFRP 筋在 60℃水溶液浸泡的混凝土环境中 1d 的腐蚀程度与自然老化环境中腐蚀 16.6d 的程度相当。

6 混凝土环境中 GFRP 筋长期抗拉强度理论模型研究

6.1 引　言

虽然 FRP 筋在土木工程中的应用越来越广泛，但是与混凝土、钢材等土木工程中的传统材料相比，其应用时间相对较短，目前还没有可靠、长期的实际工程数据来反映 GFRP 筋在实际混凝土环境下力学性能的退化规律。因此，通过加速老化试验来检验 GFRP 筋的耐久性能是一种有效的手段[166][167]，即基于短期加速老化试验数据建立合理的抗拉性能退化模型，并采用所建立的退化模型对实际使用过程中 GFRP 筋的服役寿命进行预测。目前，国内外学者对 GFRP 筋的长期服役寿命预测进行了大量的试验和理论研究，通常采用短期加速老化试验数据并结合 Arrhenius 方程和 Fick 定律建立预测模型[171][177][178]，从而对其耐久性能做出预测。但在 GFRP 筋实际使用过程中由于筋体本身的制作缺陷、试验数据的离散性、数据统计的误差等不确定性因素，都会对预测结果产生不可消除的系统误差，因此在预测模型中如何考虑上述不确定因素，以减小系统误差对预测结果的影响是十分有必要的。

鉴于此，本章首先介绍了已有的基于 Arrhenius 方程和 Fick 定律的预测模型，分析了各自的适用范围及优缺点。然后根据第 4 章的试验数据[illegible]机变量，考虑基本可变量的不确定性，建立了混凝土环境下 GFRP 筋长期抗拉强度半概率可靠性预测模型。

6.2 已有预测模型介绍

预测模型就是要建立加速条件与退化速率之间的关系，是利用短期加速条件下的试验数据进行正常使用条件下的寿命预测的基础。下面对已有的GFRP筋强度预测模型进行介绍。

6.2.1 基于Arrhenius方程的预测模型

6.2.1.1 Arrhenius方程简介

Arrhenius方程由瑞典化学家Arrhenius所创立，它反映了化学反应速率常数随温度变化的规律，方程表达式如下：

$$k = A\exp(\frac{-E_a}{RT}) \tag{6-1}$$

式中 k——GFRP筋抗拉强度退化速率，MPa/d；

A——与材料特性和老化过程有关的常数；

E_a——引起GFRP筋抗拉强度退化的活化能，J/mol；

R——摩尔气体常数，R=8.3143J/(mol·K)；

T——环境绝对温度，K。

将式(6-1)两边取倒数后同时取对数进行变换，可以得到：

$$\ln(\frac{1}{k}) = \frac{E_a}{RT} - \ln(A) \tag{6-2}$$

由式(6-2)可知，退化率倒数的自然对数与绝对温度的倒数是以斜率为 $\frac{E_a}{R}$ 的线性关系。

Arrhenius方程是目前研究FRP材料耐久性加速试验中应用最为广泛的退化模型，但是其应用需要满足一定的前提条件：

①Arrhenius方程不能应用于腐蚀机理随时间而变化的腐蚀过程，即腐蚀过程中只有一种腐蚀机理。

②腐蚀加速温度不能改变实际使用过程中的腐蚀机理，即温度高低与腐蚀机理没有直接关系。例如，当温度达到树脂的玻璃化温度

时，除了由于腐蚀介质造成的腐蚀外，还会引起额外的树脂破坏，进而造成 FRP 材料力学性能的降低。

③Arrhenius 方程没有考虑荷载水平和其他环境因素对耐久性的影响，仅能用于只有温度作为加速条件的情况，但是在实际使用过程中，除了温度因素外，FRP 筋还有可能承受荷载、冻融、干湿循环、紫外线照射等因素的作用，因此加速试验结果并不能真实、完全地反映 FRP 筋在实际服役环境中所处的状况。

④Arrhenius 方程没有考虑材料的几何形状对耐久性的影响。

由上述可知，运用 Arrhenius 方程的前提条件是材料退化机理有且仅有一个，同时退化机理并不随着时间和温度的变化而变化。然而在材料实际老化工程中，随着温度的升高和时间的推移，材料老化机理有可能发生变化。因此，正是由于 Arrhenius 方程的这些前提假设，使得公式的使用存在一定的局限性。

6.2.1.2 基于 Arrhenius 方程的预测模型

目前常用的基于 Arrhenius 方程的退化模型主要有以下 2 种形式：

$$Y = a\log(t) + b \tag{6-3}$$

$$Y = 100\exp(-t/\tau) \tag{6-4}$$

式中 Y——抗拉强度保留率；

t——暴露时间；

a, b, τ——退化常数。

式(6-3)模型由 Litherland[171] 教授首次提出，文献[100]等采用该模型对 GFRP 筋剩余抗拉强度进行了研究，预测结果能较好反映浸泡时间与抗拉强度保留率之间的关系。文献[105]在此模型上进行修正，得到式(6-4)退化模型，并以此来预测 GFRP 筋 [illegible]此模型假设 GFRP 筋抗拉强度的退化是由于纤维与树脂之间的界面层脱黏、分层所致。

除此之外，Beddow 等[172]基于 GRC 劣化机理假设玻璃纤维筋受到了应力腐蚀，通过引入时间温度叠加系数对 GRC 剩余抗拉强度进行预测。在这个模型中，GRC 力学性能剩余抗拉强度与时间的平方根的倒数成正比，预测模型如下：

$$Y=\frac{1}{\sqrt{1+kt}} \tag{6-5}$$

其中，k 为与温度、应力和溶液浓度有关的函数，表达式如下：

$$k=k_t k_0 \exp\left(-\frac{E_a}{RT}\right) \tag{6-6}$$

其中，k_t 为温度函数，k_0 为与溶液浓度有关的参数，其余参数意义同前。

Phani 等[173]对 FRP 片材在碱环境下抗拉强度的衰减规律进行了研究，并提出了以下预测模型：

$$Y=(100-Y_\infty)\exp\left(-\frac{t}{\tau}\right)+Y_\infty \tag{6-7}$$

式中　Y——t 时刻剩余抗拉强度；

Y_∞——在暴露时间无限长时的剩余抗拉强度；

τ——劣化速率的倒数，与温度有关。

6.2.2　基于 Fick 定律的预测模型

6.2.2.1　Fick 定律简介

Fick 定律描述了溶液离子在筋材中的扩散过程，故又称为 Fick 扩散定律。该模型把离子浓度与扩散系数以及扩散时间联系起来，可直观地反映材料老化性能。Fick 定律可以表示为：

$$\frac{\partial C}{\partial t}=D\frac{\partial^2 C}{\partial x^2} \tag{6-8}$$

式中　D——扩散系数，mm^2/s；

C——溶液浓度，mol/L；

x——腐蚀深度，mm；

t——扩散时间，s。

该模型对 GFRP 筋服役寿命的预测是基于以下两点假设：

①树脂和纤维在化学介质扩散的区域是完全破坏的。

②在未被渗透的区域，树脂和纤维的性能保持不变。

6.2.2.2 基于 Fick 定律的预测模型

文献[130]基于 Fick 定律提出了 FRP 筋抗拉强度预测模型，并假设 FRP 筋的腐蚀深度与扩散系数之间存在一定的函数关系，可分别表示为：

$$f_t = \left(1 - \frac{X}{r}\right)^2 \cdot f_0 \tag{6-9}$$

$$X = \sqrt{2 \cdot D \cdot C \cdot t} \tag{6-10}$$

式中 f_0，f_t——腐蚀前、后 FRP 筋的抗拉强度；

r——筋体半径；

X——腐蚀深度。

该模型可以分析 GFRP 筋吸水率与抗拉强度之间的关系，并预测其剩余抗拉强度。但也存在一定缺陷，从式(6-9)和式(6-10)中可以推断，当溶液浓度为零时，腐蚀深度也为零，浸泡后 FRP 筋剩余抗拉强度恒定不变，即水溶液环境下浸泡的 FRP 筋强度不发生衰减，这与试验结果不符，特别是处于高温水溶液中时，FRP 筋强度会发生一定程度的退化。除此之外，该模型还假定当玻璃纤维完全暴露在侵蚀溶液中时完全失效，这一假设与实际情况相比过于保守。

6.3 混凝土环境下 GFRP 筋抗拉强度预测模型

在预测过程中由于 GFRP 筋本身的制作缺陷、预测模型的限制、试验数据的离散性、数据统计的误差等不确定性因素，均会导致预测结果产生不可消除的系统误差，因此在模型中如何考虑上述不确定因素，以减小系统误差对预测结果的影响是十分有必要的。

6.3.1 基于 Fick 定律的修正预测模型

上一节所提到的基于 Arrhenius 方程和 Fick 定律的抗拉强度预

测模型均存在一定限制和偏差，但相对于 Arrhenius 方程，Fick 定律对于复杂工作环境中的 GFRP 筋适用性更强[205]，且长期抗拉强度的预测偏重于筋体强度时变规律的确定。混凝土环境中 GFRP 筋耐久性行为研究，需要大量力学试验数据，而国内外相关耐久性试验数据还是相对较少，鉴于此，本书基于 Fick 定律预测模型进行修正改进，以期建立更为准确的 GFRP 筋抗拉强度预测模型。

基于 Fick 定律的预测模型有一前提假设，即玻璃纤维完全暴露在侵蚀溶液中时，GFRP 筋完全失效，这一假设与实际试验相比，显得过于保守，文献[206]提出在式(6-9)的预测模型中增加老化因子 λ，反映出了玻璃纤维和树脂基体黏结强度退化的依时性，这样能更加准确地描述 GFRP 筋抗拉强度的变化，修正后的预测模型如下：

$$f_t = \left[1 - \lambda\left(\frac{D \cdot t}{R_0^2}\right)^{\alpha}\right] \cdot f_0 \tag{6-11}$$

式中 λ——老化因子；

α——待估计参数。

6.3.2 基于不确定因素的模型改进

考虑到式(6-11)模型中引入参数的先验数据较为稀缺，为了更好地适应 f_0 和 f_t 的不确定性，引入含时间参数的随机变量 $(1+g(t))s_0\varepsilon$，将模型(6-11)进行修正后可表示为：

$$f_t = \left[1 - \lambda\left(\frac{D \cdot t}{r^2}\right)^{\alpha}\right]\left[f_0 + (1+g(t))s_0\varepsilon\right] \tag{6-12}$$

式中 $g(t)$——包含时间的修正函数，且 $g(0)=0$；

s_0——初始抗拉强度 f_0 的标准差，即 $f_0 \sim N(\overline{f_0}, s_0)$。

式(6-12)中，D 和 r 为基本可变量；$s_0\varepsilon$ 描述了可变量 f_0 围绕其均值 $\overline{f_0}$ 变化的误差项；$[1-\lambda(\frac{D \cdot t}{r^2})^{\alpha}](1+g(t))s_0\varepsilon$ 描述了可变量 f_t 围绕其均值 $\overline{f_t}$ 变化的误差项。根据一般正态分布规律，ε 服从均值为零的单位正态分布，即 $\varepsilon \sim N(0,1)$。

为了更加准确地预测混凝土环境下 GFRP 筋的长期抗拉强度，假

定基本可变量 ε 、D 和 r 相互独立，即随机干扰项 $(1+g(t))s_0\varepsilon$ 不以基本可变量的改变而改变，只与初始抗拉强度的分布有关。与原模型相比，修正后的模型可以反映以下三个方面的问题：

①保留了原模型中抗拉强度预测的实用性，即 $E(f_t)=\overline{f_t}$；

②体现了不确定因素对某一时刻抗拉强度 f_t 的影响；

③预测了 t 时刻抗拉强度 f_t 的均值，同时还反映了由于基本可变量 D、r、λ 、α 和 f_0 导致 f_t 的均值预测所产生的误差。

从式(6-12)中可以求出 $E(f_t)$ 和 $D(f_t)$ ：

$$E(f_t)=[1-\lambda(\frac{D\cdot t}{r^2})^{\alpha}]E(f_0) \tag{6-13}$$

$$D(f_t)=[1-\lambda(\frac{D\cdot t}{r^2})^{\alpha}]^2(1+g(t))^2s_0^2 \tag{6-14}$$

6.3.3 模型未知参数的确定

由于这些未知参数的主要作用是将试验数据与数学模型进行拟合，所以这些参数没有具体的物理意义。模型中未知参数的确定可分两步，首先根据试验所得的平均值数据估计参数 λ、α ，对式(6-13)两边同时取对数变形有：

$$\lg(1-\frac{E(f_t)}{E(f_0)})=\alpha\lg(\frac{D\cdot t}{r^2})+\lg\lambda \tag{6-15}$$

令 $Y=\lg(1-\frac{E(f_t)}{E(f_0)})$，$X=\lg(\frac{D\cdot t}{r^2})$，利用试验数据计算得到 (X,Y) 序列，然后再通过线性拟合估计参数 λ、α。

对式(6-14)进行等价变换得到：

$$g(t)=\frac{s_t}{s_0[1-\lambda(\frac{D\cdot t}{r^2})^{\alpha}]}-1 \tag{6-16}$$

其中，$s_t=\sqrt{D(f_t)}$，令 $M=\frac{s_t}{s_0[1-\lambda(\frac{D\cdot t}{r^2})^{\alpha}]}-1$，即 $M=g(t)$，且 $g(0)=0$。根据试验标准差数据和拟合值 λ、α 可以得到 (t,M) 序列，最后对序列进行多项式拟合即可得到修正函数 $g(t)$。

文献[203]中通过将 GFRP 筋埋置在 pH 值为 12.2 的混凝土试件中,并浸泡在 40℃的盐溶液中进行了为期 1 年的跟踪试验。其中筋体直径为 12.7mm,扩散系数为 $8.9\times10^{-6}\,mm^2/s$,选取基本参数代入到式(6-15)中,通过线性拟合可以得到 α 和 λ 的值分别为 0.1142 和 0.1277。

将 α 和 λ 值代入式(6-13)中,得到抗拉强度平均值预测公式,如下所示:

$$E(f_t)=\left[1-0.1277\left(\frac{D\cdot t}{r^2}\right)^{0.1142}\right]E(f_0) \tag{6-17}$$

根据文献[203]中试验数据统计结果对变量 M 和 t 进行多项式拟合,当多项式次数大于 3 时,多项式逼近精度随次数增长的幅度已很小。因此,可以用三次多项式描述未知函数 $g(t)$。根据试验数据和多项式拟合,得到修正函数 $g(t)$ 的表达式为:

$$g(t)=9.679\times10^{-25}t^3-2.032\times10^{-16}t^2+1.844\times10^{-8}t,R^2=0.998 \tag{6-18}$$

将 $g(t)$ 的表达式代入式(6-12)中,即为考虑不确定因素的混凝土环境中 GFRP 筋抗拉强度半概率可靠性预测模型,表达式如下:

$$f_t=\left[1-0.1277\left(\frac{D\cdot t}{r^2}\right)^{0.1142}\right]\left[f_0+(1+9.679\times10^{-25}t^3-2.032\times10^{-16}t^2+1.844\times10^{-8}t)s_0\varepsilon\right] \tag{6-19}$$

6.4　预测模型验证

6.4.1　与本书试验结果对比

利用式(6-19)分别计算混凝土环境中 GFRP 筋在不同老化时间所对应的抗拉强度预测值 $f_{t预测}$,图 6.1 和图 6.2 给出了理论模型预测值与试验值的对比曲线。

从图 6.1、图 6.2 中可见,混凝土环境中 GFRP 筋抗拉强度退化模型理论预测值与试验值吻合较好。需要说明,本书在用预测模型计算时为了方便将扩散系数当作不变量,而在实际老化试验过程中,筋体

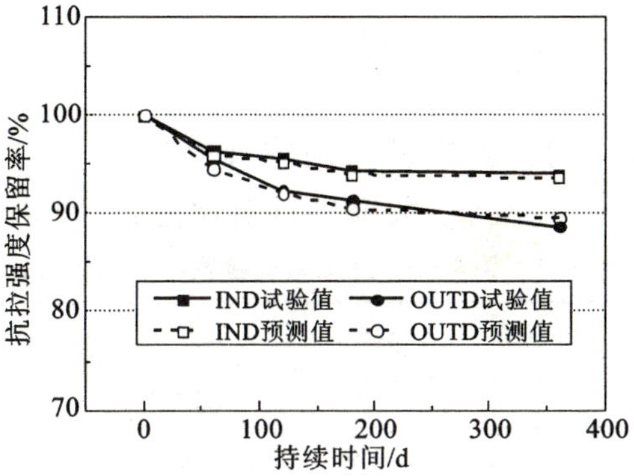

图 6.1 混凝土梁中 GFRP 筋自然老化环境下抗拉强度试验值与预测值对比曲线

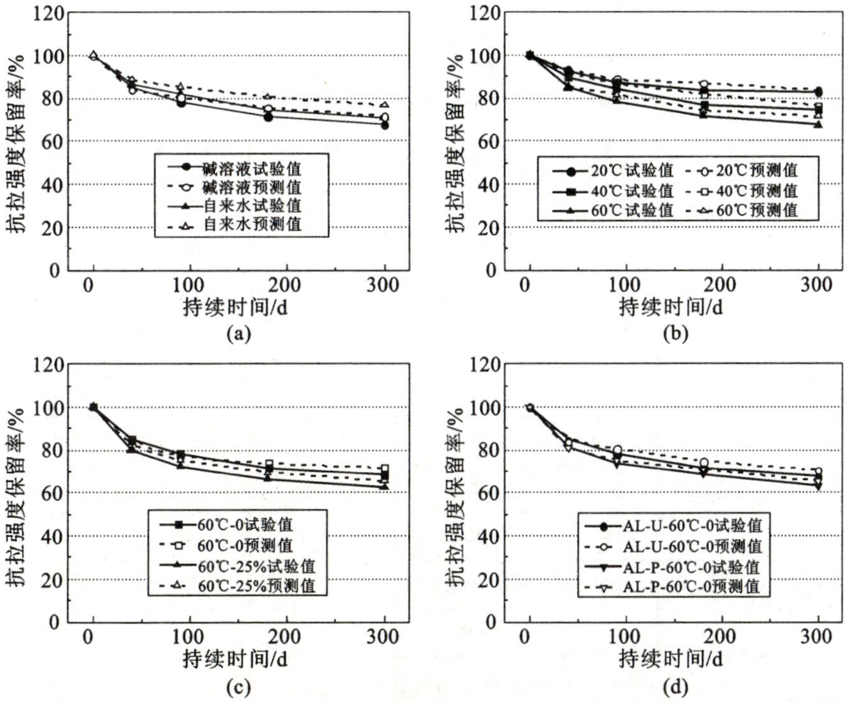

图 6.2 混凝土梁中 GFRP 筋加速老化环境下抗拉强度试验值与预测值对比曲线

(a)不同溶液类型;(b)不同环境温度;

(c)不同荷载水平;(d)工作裂缝状态

的扩散系数并非不变量,而是随时间呈减小趋势的变量。扩散系数的变化可能会对预测结果产生一定影响,此因素需单独进行试验验证。

6.4.2　与文献试验结果对比

利用本书提出的预测模型对国内外已有相关文献的GFRP筋在实际混凝土环境中抗拉强度数据进行对比分析，结果见表6.1。

表6.1　国内外部分文献试验值与预测值对比

文献来源	温度(℃)	侵蚀时间(d)	浸泡环境	抗拉强度保留率(%)		$f_{t试验}/f_{t预测}$
				试验值 $f_{t试验}$	预测值 $f_{t预测}$	
文献[105]	60	70	自来水	74.2	83.7	0.90
文献[120]	23	140	自来水	97.3	78.6	1.24
文献[159]	23	60	自来水	95.6	95.3	1.00
		120	自来水	89.1	90.7	0.98
		180	自来水	91.0	87.2	1.04
		240	自来水	90.6	85.4	1.06
	40	60	自来水	95.8	94.8	1.01
		120	自来水	84.5	88.6	0.95
		180	自来水	89.9	84.8	1.06
		240	自来水	89.5	82.3	1.09
	50	60	自来水	97.3	92.3	1.05
		120	自来水	91.4	86.7	1.05
		180	自来水	90.2	83.5	1.08
		240	自来水	84.4	80.1	1.05
文献[160]	40	240	自来水	86.9	75.3	1.15
	40	240	海水	84.4	70.4	1.20
文献[163]	60	390	饱和$Ca(OH)_2$溶液	72.0	74.3	0.97
文献[164]	60	150	冻融循环	85.6	71.2	1.20
平均值						1.06
标准差						0.09

从表中可以看出，$f_{t试验}/f_{t预测}$ 的平均值为 1.06，范围在 0.90～1.27，这是由于 GFRP 筋材料本身的多样性以及侵蚀环境的不同，个别文献中试验值与模型预测值相差较大，但整体上 GFRP 筋预测值与文献试验值吻合较好。这表明本书预测模型能够较为准确地预测已有文献的试验结果，具有较好的通用性。

6.5 小　结

在第 5 章试验数据的基础上，本章对混凝土环境中 GFRP 筋长期抗拉强度理论进行了研究，所做工作总结如下：

①总结了近年来国内外已有 GFRP 筋抗拉强度预测模型，并分析了各自的适用范围及优缺点。

②通过引入含时间函数的随机变量，充分考虑基本可变量的不确定性，经过严密的理论推导，建立了混凝土环境下 GFRP 筋长期抗拉强度半概率可靠性预测模型。

③通过将加速老化试验数据与模型预测值进行对比分析，验证了本书所推导的考虑不确定因素的半概率可靠性预测模型的准确性；通过与国内外相关文献的 GFRP 筋在实际混凝土环境中抗拉强度数据进行对比分析发现，对于加速老化混凝土环境中 GFRP 筋抗拉强度的退化规律，预测模型的计算结果与试验值吻合较好，具有一定的通用性，为真实混凝土环境下 GFRP 筋的抗拉强度预测及服役寿命预估提供了数据支持和理论依据。

7 结论与展望

7.1 结　论

本书对 GFRP 筋在不同环境下的耐久性能进行了相关试验和理论研究，考察了不同环境因素对 GFRP 筋耐久性能的影响，建立了 GFRP 筋长期抗拉强度理论预测模型。本书完成的主要工作和结论如下。

(1)GFRP 筋基本力学性能与耐久性能试验研究

对厂商提供的 GFRP 筋进行了基本力学性能测试，包括抗拉强度、弹性模量以及延伸率，并对试验结果和破坏机理进行了分析。与此同时，对同批次生产的 GFRP 筋放置在碱、盐溶液中进行加速老化试验，以模拟混凝土碱环境和海水环境对其性能的影响，主要分析腐蚀环境(盐、碱溶液)、环境温度(20℃、40℃、60℃)、浸泡时间(4d、18d、37d、92d 和 183d)等因素对 GFRP 筋抗拉性能的影响。试验结果表明：GFRP 筋的拉伸破坏为断裂破坏，应力-应变关系破坏前基本呈线性关系，GFRP 筋在腐蚀后的拉伸测试中的破坏形态、破坏模式与材料性能试验试件的破坏模型类似，没有发生明显改变。在 20℃、40℃和 60℃的碱、盐溶液中浸泡 183d 后，GFRP 筋的抗拉强度出现了不同程度的退化；盐溶液中 GFRP 筋抗拉强度分别下降了 19.3%、26.3%、36.6%；相比盐溶液，GFRP 筋在碱溶液中抗拉强度的退化程度更为明显，分别下降了 22.6%、31.7%、43.8%。溶液类型、环境温度以及侵蚀时间等因素对 GFRP 筋抗拉弹性模量的影响并不显著。通过 SEM 对筋体微观结构进行观测可以发现，在浸泡之前，GFRP 筋中纤维和树脂结合较为紧密；浸泡之后，GFRP 筋纤维与树脂之间的界面变得松散，纤维和周围树脂之间出现了脱黏现象，而且随着浸泡时间的增加和环境温度的升高，脱黏现象更加明显。GFRP 筋在碱溶液和盐溶液中的退化机理较为相似，但在相同环境温度、相同浸泡时间等条件下，碱溶液环境对 GFRP 筋的侵蚀程度要大于盐溶液。

(2)弯曲荷载与环境耦合作用下混凝土 GFRP 筋抗拉性能试验研究

对处于实际服役混凝土环境下 GFRP 筋的抗拉性能的退化规律进行了较为系统的研究，主要分析了浸泡溶液、环境温度(20℃、40℃、60℃)、弯曲荷载水平(0、25%)、工作裂缝、侵蚀时间(40d、90d、180d、300d)等因素对 GFRP 筋耐久性能的影响。同时结合扫描电子显微镜(SEM)和差示扫描量热法(DSC)等手段从微观角度对老化试验前后 GFRP 筋进行观察与分析，在此基础上对 GFRP 筋抗拉强度的退化机理进行了研究。

试验结果表明：混凝土早期硬化阶段对 GFRP 筋抗拉强度的退化有一定程度影响，但并不会引起 GFRP 筋抗拉强度的大幅退化。在室外自然老化环境中放置 60d、120d、180d、360d 后，混凝土梁试件中 GFRP 筋的抗拉强度分别下降了 3.8%、6.6%、7.4%、8.3%；相比室外自然老化环境而言，室内环境的温度和湿度均处于相对稳定的状态，GFRP 筋抗拉强度的退化出现在试验初期，试验过程中抗拉强度保留率始终保持在 93%以上，退化迹象并不显著；在 60℃的自来水环境中浸泡 40d、90d、180d、300d 后，荷载水平为 0 的混凝土包裹环境中 GFRP 筋的抗拉强度分别下降了 13.4%、17.7%、25.6%和 29.3%；与自来水环境相比，碱环境中 GFRP 筋抗拉强度退化率分别增加了 1.9%、3.9%、2.8%和 3.2%。碱溶液和自来水对混凝土包裹环境中 GFRP 筋的抗拉弹性模量的影响并不明显，部分试件出现弹性模量增大的现象；环境温度的升高加速了混凝土环境中 GFRP 筋抗拉强度的退化速率，且温度越高，加速趋势越明显；持续荷载对混凝土环境中 GFRP 筋抗拉强度的退化程度有一定的影响，且随着温度的升高，持续荷载所造成退化的效果愈加显著；无论是否有持续荷载，GFRP 筋抗拉强度退化率在有工作裂缝的混凝土试件中均大于无工作裂缝的混凝土环境。在无持续荷载混凝土环境下，工作裂缝对 GFRP 筋抗拉强度的影响较小，随着持续荷载水平的增加，GFRP筋抗拉强度退化速率加快，且有工作裂缝混凝土环境比无工作裂缝混凝土环境的退化趋势更加明显。

(3)GFRP筋加速老化与自然老化相关性研究

基于第3章和第4章的自然老化和加速老化试验数据，以抗拉强度为表征手段，对GFRP筋在加速老化环境和自然老化环境下抗拉性能的变化规律进行了研究，采用灰色关联分析方法对GFRP筋在自然老化环境和加速老化环境之间的相关性进行定量分析，探讨了GFRP筋抗拉强度下降的主要环境因素，并最终得到了加速老化环境和自然老化环境之间的加速因子。分析结果表明：GFRP筋在自然老化和加速老化之间存在一定的相关性。从平均关联度看，GFRP筋混凝土梁浸泡在水溶液环境中加速老化与自然老化的关联度较大，均在0.8以上，其中以温度为60℃条件时对自然老化试验的关联度最大，达到了0.862，可用GFRP筋混凝土梁浸泡在水溶液环境中来模拟自然老化试验，利用灰色关联分析对加速老化和自然老化的相关性进行定量分析是可行的；尝试建立了GFRP筋在混凝土环境与碱溶液直接浸泡环境之间的转换关系，求得加速因子为16.6，即GFRP筋在60℃水溶液浸泡的混凝土环境中1d的腐蚀程度与自然老化环境中腐蚀16.6d的程度相当。

(4)混凝土环境中GFRP筋长期抗拉强度理论模型研究

对已有的FRP筋抗拉强度预测模型进行了总结和归纳，分析了各自的预测原理、适用范围及优缺点。在已有试验数据的基础上，基于Fick定律预测模型，通过引入含时间函数的随机变量，充分考虑基本可变量的不确定性，建立了混凝土环境下GFRP筋长期抗拉强度半概率可靠性预测模型。通过将试验数据与模型预测值进行对比分析，验证了本书所推导的考虑不确定因素的半概率可靠性预测模型的准确性；通过与相关文献试验数据进行对比分析发现，对于加速老化混凝土环境中GFRP筋抗拉强度的退化规律，预测模型的计算结果与试验值吻合较好，为真实混凝土环境下GFRP筋的抗拉强度预测及服役寿命预估提供了数据支持和理论依据。

7.2 展　　望

GFRP 筋材的耐久性研究是目前工程界关注的热点，本书仅对嵌入混凝土梁中 GFRP 筋在室外、水溶液、碱环境下的耐久性能进行了初步研究，取得了一定的进展，但是由于 GFRP 筋材料本身的多样性和复杂性，还有以下几个方面可以进一步研究：

①本书选用试验对象为南京锋晖复合材料有限公司采用拉挤成型工艺生产的 GFRP 筋，其中，GFRP 筋的组成纤维为无碱玻璃纤维(E-glass)，树脂为乙烯基树脂(vinyl ester)，对其他型号和尺寸的 GFRP 筋没有涉及，应对其他类型的 GFRP 筋在混凝土环境中的耐久性能进行研究。

②本书对 GFRP 筋混凝土梁在室外自然老化，水溶液、碱环境下加速老化的耐久性进行了研究，而在实际环境中，GFRP 筋混凝土结构可能遭受的恶劣环境远非如此，例如干湿循环、冻融循环以及多种环境耦合作用，应进一步对 GFRP 筋混凝土结构在其他恶劣环境下的耐久性能进行研究。

③在探索 GFRP 筋的自然老化和加速老化试验的相关性时，需要考虑更多的环境条件，这样才能得到更准确的加速因子，才能更好地为在实际工程中预测 GFRP 筋的服役寿命提供可靠的参考和依据。

④本书计算加速因子的方法属于点相关评价方法，无法反映 GFRP 筋整个寿命期内的加速性，而实际老化过程中，加速倍率不是一个常数，而是随着时间的增加而变化的。因此，如何构建加速老化试验和自然老化试验的对应关系，以反映 GFRP 筋寿命期内的加速性还有待深入研究。

⑤本书在推导预测模型时将 GFRP 筋的扩散系数作为不变量处理，但在实际老化过程中，GFRP 筋的扩散系数是随时间呈逐渐减小趋势的变量，当吸水率达到平衡状态后保持动态平衡。扩散系数的变化对预测模型结果的影响需要进一步的探讨和研究。

参考文献

［1］ 葛燕，朱锡昶，等．混凝土中钢筋的腐蚀与阴极保护［M］．北京：化学工业出版社，2007.

［2］ 陈肇元．土建结构工程的安全性和耐久性［M］．北京：中国建筑工业出版社，2003.

［3］ 金伟良，赵羽习．混凝土结构耐久性［M］．北京：科学出版社，2002.

［4］ 柯伟．中国腐蚀调查报告［M］．北京：化学工业出版社，2003.

［5］ 滕锦光，陈建飞，史密斯 S T，等．FRP 加固混凝土结构［M］．北京：中国建筑工业出版社，2005.

［6］ LELLI V D，LEI Z，FRIDER S．Use of FRP composites in civil structure applications［J］．Construction and Building Materials，2003(17)：389-403.

［7］ 叶列平，冯鹏．FRP 在工程结构中的应用与发展［J］．土木工程学报，2006，39(3)：24-36.

［8］ 张新越，欧进萍．混凝土结构中 FRP 筋的耐久性研究．沿海地区混凝土结构耐久性及其设计方法科技论坛与全国第六届混凝土耐久性学术交流会论文集［C］．2004：522-528.

［9］ 薛伟辰，康清梁．纤维塑料筋在混凝土结构中的应用［J］．工业建筑，1999，29(2)：19-28.

［10］ UOMOTO T，MUTSUYOSHI H，KATSUKI F，et al．Use of fiber-reinforced polymer composites as reinforcing materials for concrete［J］．Journal of Materials in Civil Engineering，2002，14(3)：191-209.

［11］ 朱虹，钱洋．工程结构用 FRP 筋的力学性能［J］．建筑科学与工程学报，2006，23(3)：26-31.

［12］ 王全风，杨勇新，岳清瑞．FRP 复合材料及其在土木工程中的应用［J］．华侨大学学报，2005，26(1)：1-6.

［13］ 高丹盈，李趁趁，朱海堂．纤维增强塑料筋的性能和发展［J］．纤维

复合材料,2002(4):37-40.

[14] 简方梁. FRP预应力筋锚固系统研究[D]. 武汉:华中科技大学,2007.

[15] 金文成,郑文衡,周小勇. 纤维复合材料配筋混凝土结构[M]. 武汉:华中科技大学出版社,2014.

[16] 薛伟辰. 现代预应力结构设计[M]. 北京:中国建筑工业出版社,2003.

[17] HAMMAMI A, AL-GHUILANI N. Durability and environmental degradation of glass-vinylester composites [J]. Polymer Composite, 2004(25):609-616.

[18] 祁德文,钱文军,薛伟辰. 土木工程用FRP筋的耐久性研究进展[J]. 玻璃钢/复合材料,2006(2):47-50.

[19] 冯鹏,叶列平. FRP结构和FRP组合结构在结构工程中的应用与前景. 第二届全国土木工程用纤维增强复合材料(FRP)应用技术学术交流会[C]. 昆明, 2002,7:51-63.

[20] 李趁趁, 王英来, 赵军, 等. 高温后FRP筋纵向拉伸性能[J]. 建筑材料学报,2014,17(6):1076-1081.

[21] 周长东, 吕西林, 金叶. 火灾高温下玻璃纤维筋的力学性能研究[J]. 建筑科学与工程学报,2006,23(1):23-28.

[22] 吕西林, 周长东, 金叶. 火灾高温下GFRP筋和混凝土粘结性能试验研究[J]. 建筑结构学报, 2007, 28(5):23-28.

[23] MALLICK P K. Fiber reinforced compostes, Materials, Manufacturing, and Design [M]. Marcell Dekker Inc. New York, 1988: 469-475.

[24] EHASNI M R. Glass fiber reinforcing bars. Alternative materials for the reinforcement and prestressing of concrete. [M]. J. L. Clarke, academic professional. London,1993:35-54.

[25] [illegible]. Stateoftheartreport on fiber reinforced plastics reinforcement for concrete structures. Detroit, Michigan: American Concrete Institute, 2007.

[26] 吴书贵. 无磁性复合碳纤维混凝土结构构件的试验与研究[J]. 地震监测,2002(3):40-49.

[27]　翟彦忠，王允棣. 河北昌黎后土桥碳纤维地磁相对记录室建设[C]. 天津. 天津青年科技技术论坛，天津青年科技技术协会，2002.

[28]　徐新生，李云兰，高卫红. 连续纤维加强筋力学性能及结构性能[J]. 山东建材，1999(1)：10-12.

[29]　张鹏，朱健，戴绍斌. 碳纤维增强塑料筋在混凝土结构中的应用[J]. 新型建筑材料，2002(11)：19-20.

[30]　姜天华. 碳纤维复合材料(CFRP)在土木建筑结构中的应用及其前景[J]. 武汉交通管理干部学院学报，2001，3(1)：77-80.

[31]　夏凌辉，常春伟，张艳萍，等. 纤维增强塑料在国内外桥梁结构中的应用[J]. 国防交通工程与技术，2005(4)：1-4.

[32]　ACI 440. 1R-06. Guide for the design and construction of concrete reinforced with FRP bars[S]. Farmington Hills: American Concrete Institution，2001.

[33]　ACI 440. 3R-04. Guide test methods for fiber reinforced polymers (FRP) for reinforcing or strengthening concrete structures [S]. Farmington Hills: American Concrete Institution，2004.

[34]　MUFTI A. FRPs and FOSs lead to innovation in canadian civil engineering structures [J]. Construction and Building Materials. 2003，17：379-387.

[35]　MUFTI A，TENNYSON RC. Integrated sensing of civil and innovative FRP structures [J]. Progress in Structural Engineering and Materials. 2003，5：115-126.

[36]　BENMORKRANE B，CHAALLAL O，MASOUDI R. Flexural response of concrete beams reinforced with FRP reinforcing bars [J]. ACI structure Journal. 1996，91(1)：46-55.

[37]　TAERWEL R，NANNI A. Fiber reinforced plastic concrete structures: properties and applications [M]. Publisher. Amsterdam，(FRP) Reinforcement for Orlando，Elsevier Science Publisher Amsterdam，1993：99-114.

[38]　薛伟辰. 现代预应力结构设计[M]. 北京：中国建筑工业出版社，2003.

[39]　薛伟辰，张蜀泸. GFRP桥面板工程应用进展[C]. 纤维增强混

凝土的技术进展与工程应用——第十一届全国纤维混凝土学术会议论文集，大连，2006.

[40] 冯鹏，叶列平. FRP 结构和 FRP 组合结构在结构工程中的应用与发展[C]. 第二届全国土木工程用纤维增强复合材料应用技术学术交流会论文集，昆明，2002.

[41] 陈德伍. FRP 筋的性能及其在土木工程中的应用[J]. 山西建筑，2008，34(4)：190-191.

[42] 钱锐，茅卫兵. 国外对混凝土结构中新型材料 FRP 筋的研究及应用[J]. 江苏建筑，2001(1)：28-33.

[43] HIROSHI F. FRP Composites in Japan. Concrete International. 1999(10)：29-32.

[44] 任慧韬. 纤维增强复合材料加固混凝土结构基本力学性能和长期受力性能研究[D]. 大连：大连理工大学，2003.

[45] 任慧韬，姚谦峰，胡安妮. 纤维增强复合材料的耐久性能试验研究[J]. 建筑材料学报，2005，8(5)：520-526.

[46] 任慧韬，胡安妮，姚谦峰. 湿热环境对 FRP 加固混凝土结构耐久性能的影响[J]. 哈尔滨工业大学学报，2006，38(11)：1996-1999.

[47] 任慧韬，李杉，黄承逵. 冻融循环和荷载耦合作用下 CFRP 片材的耐久性试验研究[J]. 工程力学，2010，27(4)：202-207.

[48] 高丹盈，BENMOKRANE B. 玻璃纤维聚合物筋混凝土梁正面承载力的计算方法[J]. 水利学报，2001(9)：73-80.

[49] 高丹盈，BENMOKRANE B. 纤维聚合物筋与混凝土粘结性能的影响因素[J]. 工业建筑，2001，31(2)：9-14.

[50] 高丹盈，赵军，BENMOKRANE B. 玻璃纤维聚合物筋混凝土梁裂缝和挠度的特点及计算方法[J]. 水利学报，2001(8)：53-58.

[51] 岳清瑞，杨勇新. 不同环境条件下 CFRP 自然老化性能试验研究[J]. 工业建筑，2008，38(2)：1-3.

[52] 王伟，薛伟辰，钱文军. FRP 筋耐久性试验方法研究进展[J]. 河北工程大学学报(自然科学版)，2008，25(1)：1-4.

[53] 王伟，薛伟辰. 碱环境下 GFRP 筋拉伸性能加速老化试验研究[J]. 建筑材料学报，2012，15(6)：760-766.

[54] 薛伟辰，王伟，付凯. 碱环境下不同应力水平 GFRP 筋拉伸性能

试验研究[J]. 复合材料学报，2013，30(6)：67-75.

[55] 付凯，王伟，薛伟辰. 模拟混凝土环境下GFRP筋抗压性能加速老化试验研究[J]. 建筑结构学报，2013，34(1)：117-122.

[56] 薛伟辰，付凯，秦珩. 预制夹芯保温墙体FRP连接件抗拉强度加速老化试验研究[J]. 建筑材料学报，2014，17(3)：420-424.

[57] 付凯，薛伟辰. 人工海水环境下GFRP筋抗拉性能加速老化试验[J]. 建筑材料学报，2014，17(1)：35-41.

[58] 金叶，吕西林. 纤维筋耐久性能研究现状分析[J]. 结构工程师，2005，21(5)：72-75.

[59] 吴刚，朱莹，董志强，等. 碱性环境中BFRP筋耐腐蚀性能试验研究[J]. 土木工程学报，2014，47(8)：32-41.

[60] 朱莹，张光超，吴刚. BFRP片材在腐蚀溶液环境下耐腐蚀性能试验研究[J]. 高科技纤维与应用，2013，38(1)：43-47.

[61] 董志强，张光超，吴刚，等. 加速老化环境下纤维增强复合材料筋耐腐蚀性能试验研究[J]. 工业建筑，2013，43(6)：14-17.

[62] 王毅. 腐蚀环境下FRP长期力学性能研究[D]. 西安：西安建筑科技大学，2012.

[63] 于峰，牛荻涛. FRP材料耐久性试验研究[J]. 玻璃钢/复合材料，2008(11)：22-36.

[64] 靳祖光. 纳米材料对GFRP筋力学和耐久性能的改良研究[D]. 哈尔滨：哈尔滨工业大学，2010.

[65] 周萌. GFRP和BFRP复合材料的湿热耐久性能研究[D]. 哈尔滨：哈尔滨工业大学，2013.

[66] 赵洋. 海水与紫外线环境下GFRP性能演变规律的研究[D]. 哈尔滨：哈尔滨工业大学，2008.

[67] 谢晶. GFRP筋在海水环境下的性能演变规律与寿命预测模型[D]. 哈尔滨：哈尔滨工业大学，2010.

[68] 卡夫. 弯曲和水环境耦合作用下CFRP拉挤板材耐久性能研究[D]. 哈尔滨：哈尔滨工业大学，2010.

[69] 张志春. 结构新型热固性FRP复合筋及其性能[D]. 哈尔滨：哈尔滨工业大学，2008.

[70] 张新越，欧进萍. FRP筋酸碱盐介质腐蚀与冻融耐久性试验研

究[J]. 武汉理工大学学报，2007,29(1):33-36.

[71]　李趁趁，高丹盈，黄承逵. 碳纤维与玻璃纤维增强聚合物复合材料耐久性[J]. 哈尔滨工业大学学报，2009 (2):150-154.

[72]　王吉忠. 海洋环境下 CFRP 及 CFRP-混凝土界面性能的耐久性研究[D]. 大连：大连理工大学，2013.

[73]　杨勇新，岳清瑞，等. FRP 耐久性评价方法[J]. 工业建筑，2006，36(8):6-9.

[74]　岳清瑞，杨勇新，郭春红，等. 浸渍树脂快速与自然老化试验对应关系[J]. 工业建筑，2006，36(8):1-5.

[75]　黄利勇. 常用桥型 FRP 桥面板设计研究[D]. 武汉：武汉理工大学，2007.

[76]　汤国栋，汤羽，冯广占. 中国 GRP/COM 桥梁的研究与实践[J]. 成都科技大学学报，1995(6)：69-80.

[77]　胡翔，薛伟辰，王恒栋，等. 上海世博园区预制预应力综合管廊施工监测与分析[J]. 特种结构，2009,26(2):105-108.

[78]　王新定. CFRP 体外预应力筋混凝土梁结构性能研究[D]. 南京：东南大学，2008.

[79]　冯鹏. 新型 FRP 空心桥面板的设计开发与受力性能研究[D]. 北京：清华大学，2004.

[80]　梅雪. CFRP 加固混凝土用粘结材料的增韧及耐久性研究[D]. 北京：清华大学，2005.

[81]　金飞飞. 轻质 FRP 人行桥振动舒适度设计方法研究[D]. 北京：清华大学，2012.

[82]　郝庆多，王勃，欧进萍. 纤维增强塑料筋在土木工程中的应用[J]. 混凝土，2006，203(9):38-44.

[83]　COOMARASAMY A. Evaluation of fiber reinforced plastic (FRP) materials for long term durability in concrete structures[C]. Pro[illegible] Conference on Durability of Fiber Reinforced Polymer (FRP) Composites for Construction，Sherbrooke，1998：325-336.

[84]　KATZ A，BERMAN N，BANK L C. Effect of cyclic loading and elevated temperature on the bond properties of FRP rebar[C]. Pro-

ceedings from the First International Conference on Durability of Fiber Reinforced Polymer (FRP) Composites for Construction, Sherbrooke, 1998: 403-413.

[85] ALSAYED S, ALHOZAIMY A. Effect of high temperature and alkaline solutions on the durability of GFRP bars[C]. Proceedings from the First International Conference on Durability of Fiber Reinforced Polymer (FRP) Composites for Construction, Sherbrooke, 1998:624-634.

[86] CASE S W, LESKO J J, COUSINS T E. Development of a life prediction scheme for the assement of fatigue performance of composite infrasturctures[C]. Proceedings from the First International Conference on Durability of Fiber Reinforced Polymer (FRP) Composites for Construction, Sherbrooke, 1998:69-80.

[87] ADIMI M R, BOUKHILI R. Influence of resin and temperature on the interlaminar shear fatigue of glass fiber reinforced rods[C]. Proceedings from the First International Conference on Durability of Fiber Reinforced Polymer (FRP) Composites for Construction, Sherbrooke, 1998:681-690.

[88] WANG P, MASMOUDI R, BENMOKRANE B. Durability of GFRP bars: assessment and improvement[C]. Proceedings from the Second International Conference on Durability of Fiber Reinforced Polymer (FRP) Composites for Construction, Montreal, 2002:153-163.

[89] NKURUNZIZA G, MASMOUDI R, BENMOKRANE B,et al. Effect of sustained tensile stress and temperature in residual strength of GFRP composite bars[C]. Proceedings from the Second International Conference on Durability of Fiber Reinforced Polymer (FRP) Composites for Construction, Montreal, 2002:347-358.

[90] ALAWSI G, ALDAJASH S,RAHMAAN S A. IMPact of humidity on the durabilityof E-glass/epoxy composites[J]. Materials and Design, 2009(30): 2506-2512.

[91] NISHIZAKI I, MEIARASHI S. Long term deterioration of GFRP in water and moist environment [J]. Journal of Composites for Construction, 2002(6): 21-27.

[92] CHU W, WU L X, KARBHARI V M. Durability evaluation of moderate temperature cured E-glass/vinyl ester systems [J]. Composites Structures, 2004(66):367-376.

[93] KARBHARI V M, MURPHY K, ZHANG S. Effects of concrete based alkali solutions on short term durability of E-glass/vinyl ester composites [J]. Journal of Composite Materials, 2002(36): 2101-2121.

[94] 梁向晖. TENSON27 型傅立叶变换红外光谱仪及应用[J]. 现代仪器, 2007(5):52-53.

[95] KARBHARI V M, RIVERA J. Low-temperature hydrothermal degradation of ambient cured E-glass/vinylester composites [J]. Journal of Applied Polymer Science, 2002(86):2255-2260.

[96] Japan society of civil engineering (JSCE). Recommendation for design and construction of concrete structures using continuous fiber reinforcing materials[S]. Tokyo, 1997.

[97] 吴荫顺. 金属腐蚀研究方法[M]. 北京:冶金工业出版社,1993.

[98] 王浚, 黄本诚, 万才大. 环境模拟技术[M]. 北京:国防工业出版社,1996.

[99] HAYES M D, GARCIA K, VERGHESE N, et al. The effects of moisture on the fatigue behavior of a glass/vinyl ester composite[C]. Proceedings of the Second Conference on Fiber Composites in Infrastructure ICCI'98. Tucson, 1998:1-13.

[100] BANK L C, GENTRY T R, BARKATT A, et al. Accelerated aging of pultruded glass/vinyl ester rods[C]. Proceedings of the Second Conference on Fiber Composites in Infrastructure ICCI'98, Tucson, 1998:423-437.

[101] STECKEL G L, HAWLINS G F, BAUER J L. Environmental durability of composites for seismic retrofit of bridge columns[C]. Pro-[illegible] on Fiber Composites in Infrastructure ICCI'98, Tucson,1998:460-475.

[102] PORTER M L, BARNES B A. Accelerated aging degradation of glass fiber composites[C]. Proceedings of the Second International Conference on Fiber Composites in Infrastructure ICCI'98, Tucson, 1998:

446-459.

[103] PANTUSO A, SPADEA G, SWANY R N. An experiment study on the durability of GFRP bars[C]. Proceedings of the Second International Conference on Fiber Composites in Infrastructure ICCI'98, Tucson,1998:476-487.

[104] TANNOUS F E, SAADATMANESH H. Durability and long-term behavior of carbon and aramid FRP tendons[C]. Proceedings of the Second International Conference on Fiber Composites in Infrastructure ICCI'98, Tucson,1998:524-538.

[105] CHEN Y, DAVALOS J F, INGRAJIE R, et al. Accelerated aging tests for evaluations of durability performance of FRP reinforcing bars for concrete structures [J]. Composite Structure, 2007, 78 (1): 101-111.

[106] FRANCESCA C, EDOARDO C, et al. Durability issues of FRP rebars in reinforced concrete members[J]. Cement Concrete Composites, 2006, 28(10): 857-868.

[107] GUPTA R K, GANGA-RAOH V S. Effect of aging Environment on degradation of glass reinforced epoxy [J]. Journal of Compositesfor Construction, 2002(6): 61-69.

[108] KARBHARI V M, CHIN J W, HUNSTON D, BENMORKRANE B, et al. Durability gap analysis for fiber reinforced polymer composites in civil infrastructure [J]. Journal of Composites for Construction, 2003(7):238-247.

[109] BYARS E A, WALDRON P, DEJKE V, et al. Durability of-FRP in concrete-deterioration mechanisms[J]. International Journal of Materialsand Product Technology, 2003(19): 28-39.

[110] MYERS J J, VISWANATH T. A worldwide survey of environmental reductionfactors for fiber reinforced polymers (FRP)[C]. Proceedings of Structures Congressand Exposition, 2006 :96-103.

[111] SONAWALA S P, SPONTAK R J. Degradation kinetics of glass reinforced polyesters in chemical environments[J]. Journal of Material Science, 1996(31): 4757-4765.

[112] GANGARAO H V S, VIJAY P V. Aging of structure composites under varying environmental conditions[C]. Non-Metallic (FRP) Reinforcement for Concrete Structures: Proceedings of the Third International Symposium, Sapporo,1997:91-98.

[113] SAADATMANESH H, TANNOUS F. Durability of FRP rebar and tendons[C]. Non-Metallic (FRP) Reinforcement for concrete structures: Proceedings of the Third International Symposium, Sapporo, 1997:33-44.

[114] BAKIS C E, BOOTHBY T E, NANNI A. Durability of bond of various FRP rods in concrete[C]. Proceedings from the First International Conference on Durability of Fiber Reinforced Polymer (FRP) Composites for Construction, Sherbrook, 1998:299-316.

[115] 李趁趁,于爱民,王英来.模拟混凝土碱性环境下 FRP 筋的耐久性[J]. 建筑科学,2013,29(1):47-51.

[116] ZHOU Ji Kai, CHEN Xu Dong, CHEN Shi Xue. Durability and service life prediction of GFRP bars embedded in concrete under acid environment[J]. Nuclear Engineering and Design,2011,241:4095-4102.

[117] ADAMS P B. Glass corrosion —— a record of the past. a predictor of the future [J]. Journal of Non-Crystalline Solids, 1984, 67: 193-205.

[118] YILMAZ V T. GLSSER F P. Reaction of alkali-resistant glass fibers with cement, part 1: review, assessment, and microscopy[J]. Glass Technology, 1991, 32(3):91-98.

[119] YILMAZ, V T. Chemical attach on alkali-resistant fibers in hydrating cement matrix: characterization of corrosion products[J]. Journal of Non-Crystalline Solids, 1992, 151: 236-244.

[120] BENMOKRANE B, WANG P, TON-THAT T M, et al. Robert durability [illegible] polymer reinforcing bars in concrete environment [J]. Journal of Composites for Construction, 2002(6): 143-153.

[121] MURPHY K, ZHANG S, KARBHARI V M. Effect of concrete based alkaline solutions on short term response of composites, pro-

ceedings: 4th international SAMPE symposium and exhibition[C]. Long Beach, USA, 1999:2222-2230.

[122] SONAWALA S P, SPONTAK R J. Degradation kinetics of glass reinforced ployesters in chemical environments[J]. Journal of Materials Science,1996(31):4757-4765.

[123] ISHAI O. Environmental effects on deformation, strength, and degradation ofunidirectional glass-fiber reinforced plastics I: survey [J]. Polymer Engineeringand Science, 1975(15): 486-490.

[124] 黄故. 玻璃纤维在特殊条件下的强度分析[J]. 纺织学报,2006,27(8):64-67.

[125] 许红升,杨小平,等. 碱性环境条件下玻璃纤维的侵蚀性研究[J]. 腐蚀与防护,2006,27(3):130-135.

[126] 张凯,马艳,杨世全,等. 碳纤维复合材料的耐腐蚀性能[J]. 化学推进剂与高分子材料,2009, 7(4):1-4.

[127] 刘志勇,吴桂芹,马立国,等. FRP 筋及其增强砼的耐久性与寿命预测[J]. 烟台大学学报(自然科学与工程版),2005,18(1):66-73.

[128] 张琦,黄故. 紫外线对玻璃纤维增强复合材料的老化研究[J]. 郑州大学学报(工学版), 2010,31(4):35-38.

[129] 岳清瑞,彭福明,杨勇新,等. 碳纤维片材耐久性初步研究[J]. 工业建筑, 2004,增刊:8-11.

[130] UOMOTO T, MUTSUYOSHI H, et al. Use of fiber reinforced polymer composites as reinforcing materials for concrete [J]. Journal of Materials in Civil Engineering,2002(7):193-209.

[131] CHIN J W, AOUADIK. Effects of environmental exposure on fiber reinforced plastic materials used in construction [J]. Journal of Composites Technology and Research,1997, 19(4): 205-213.

[132] 张培泽. 耐腐 FRP 用树脂的腐蚀形态和腐蚀速度[J]. 玻璃钢/复合材料, 2010,31(4):35-38.

[133] BRADSHAW R D, BRINSON L C. Physical aging in polymer composites: an analysis and method for time aging time superposition [J]. Polymer Engineering and Science,1997, 31(1): 31-34.

[134] GAUTIER L, MORTAIGNE B. Interface damage study of

hydrothermally aged glass fiber reinforced polyester composites [J]. Composites Science and Technology,1999, 59: 2329-2339.

[135] 陈诗学. 玻璃纤维筋与混凝土粘结性能耐久性短期研究[D]. 南京:河海大学,2007.

[136] SASAKI I, NISHIZAKI I, et al. Durability evaluation of FRP cables by exposure tests[C]. Non-Metallic (FRP) Reinforcement for Concrete Structures: Proceedings of the Third International Symposium, Sapporo,1997:131-137.

[137] Al-SALLOUM Y A, EI-GAMAL S, ALMUSALLAM T H, et al. Effect of harsh environment conditions on the tensile properties of GFRP bars [J]. Composites: Part B, 2013(45):835-844.

[138] HYEONG-YEOL K, YOUNG-HWAN P. Short term durability test for GFRP rods under various environmental conditions [J]. Composite Structure, 2008,83: 37-47.

[139] 蒋竞.玻璃钢在烟雾环境中腐蚀机制和性能演变规律的试验研究[D]. 哈尔滨:哈尔滨工业大学,2007.

[140] 张颖军,朱锡. 海洋环境玻璃纤维增强复合材料自然老化试验[J]. 华中科技大学学报(自然科学版),2011,39(3):14-17.

[141] 于爱民. 纤维增强聚合物筋耐久性试验研究[D]. 郑州:郑州大学,2011.

[142] CHIN J W, AOUADI K, NGUYEN T. Effect of environmental exposure on fiber reinforced plastic materials used in construction [J]. Journal of Composite Technolgy Research, 1997(19):205-213.

[143] KATO Y, MISHIMURA T, UOMOTO T. The effect of ultraviolet rays to FRP rods [C]. Proceedings of the First International Conference on Durability of FRP Composites for Construction, Cannada, Sherbrooke,1998:487-497.

[144] KATO Y, YAMAGUCHI [illegible] deterioration of aramid fiber by ultraviolet rays [C]. Non-Metallic (FRP) Reinforcement for Concrete Structures: Proceedings of the Third International Symposium, Sapporo,1997:163-170.

[145] UOMOTO T. Durability considerations for FRP reinforce-

ments[C]. Proceedings of the 5th International Conference on Fiber Reinforced Polymer (FRP) Reinforcementfor Concrete Structures. (FRPRCS-5), 1998: 17-32.

[146] TOMOSAWA F, NAKATSUJI T. Evaluation of ACM reinforcement durability by exposure test[C]. Non-Metallic (FRP) Reinforcement for Concrete Structures: Proceedings of the Third International Symposium, Sapporo, 1997: 139-146.

[147] NKURUNZIZA G, DEBAIKY A, COUSIN P, et al. Durability of GFRP bars: a critical review of the literature[C]. Progress in Structural Engineering and Materials. 2005, 7(4): 194-209

[148] 张琦，黄故. 紫外线对玻璃纤维增强复合材料力学性能的老化研究[J]. 湖南科技大学学报(自然科学版)，2009，24(4)：35-38.

[149] KADER L, BENMOKRANE B. Creep and durability of sand-coated glass FRP bars in concrete elements under freeze-thaw cycling and sustained loads [J]. Cement &Concrete composites, 2006, 28 (10): 869-878.

[150] UOMOTO T, MUTSUYOSHI H, KATSUKI F, et al. Use of fiber-reinforced polymer composites as reinforcing material for concrete [J]. Materials in Civil Engineering, 2002, 14(3): 191-209.

[151] RENEE K, CHANG Sunyong. Fiber-reinforced polymer bars under freeze-thaw cycles and different loading rates[C]. Journal of Composite Materials, 2007, 41(1): 5-25.

[152] WU Li Xin, HOA S V, MINH T. Effects of water on the curing and properties of epoxy adhesive used for bonding FRP composites sheet to concrete[C]. Journal of Applied Polymer Science, 2004, 92(4): 2261-2268.

[153] MANUEL A G, SILVA-HUGO C, BISCAIA. Effects of exposure to saline humidity on bond between GFRP and concrete[J]. Composite Structures, 2010, 03, 216-224

[154] 张炎. 玻璃钢筋混凝土界面粘结性能及应用研究[D]. 武汉：武汉理工大学，2004.

[155] VALTER D. Durability of FRP reinforcement in concrete lit-

erature review and experiments[D]. Department of Building Materials, Chalmers University of Technology. Sweden, 2001.

[156] VALTER D. Durability and service life prediction of GFRP for concrete reinforcement[C]. Fibre-reinforced Plastics for Reinforced Concrete Structures, FRPRCS-5, Thomas Telford, 2001: 505-516.

[157] EWAN A B, PETER W, VALTER D. Durability of FRP in concrete - deterioration mechanisms[J]. International Journal of Materials and Product Technology, 2003, 19(1): 28-39.

[158] KATZ A, Bank L C, Puterman M. Durability of FRP rebars after four years of exposure[C]. Fibre-reinforced Plastics for Reinforced Concrete Structures, FRPRCS-5, 2001: 497-504.

[159] ROBERT M, COUSIN P, BENMOKRANE B. Durability of GFRP reinforcing bars embedded in moist concrete[J]. Journal of Composites for Construction, 2009, 13(2): 66-73.

[160] ALMUSALLAM T K, AL-SALLOUM Y A. Durability of GFRP rebars in concrete beams under sustained loads at severe environments[J]. Journal of Composite Materials, 2006, 40(7):623-637.

[161] CHEN Yi, JULIO F D, INDRAJIT R. Life-cycle durability prediction models for GFRP bars in concrete under sustained loading and environmental exposure[C]. International Symposium on Fibre-reinforced Polymer Reinforcement for Concrete Structures, FRPRCS-8, Greece, 2007: 1-10.

[162] MUFTI A, ONOFREI M, BENMOKRANE B, et al. Durability of GFRP reinforced concrete in field structures [J] . ACI SP-230, 2005, 1361-1378.

[163] HE X J, YANG J N, BAKIS CE. Tensile strength characteristics of GFRP bars in concrete beams with work cracks under sustained loading [illegible] Wuhan University of Technology (MaterialScience Edition),2013 (5). 934-937.

[164] BAKIS C E, BOOTHBY T E, SCHAUT R A, et al. Tensile strength of GFRP bars under sustained loading in concrete beams[C]. Proceedings of the 7th International Symposium. Fiber Reinforced Polymer Re-

inforcement for Concrete Structures, FRPRCS-7, Beijing, 2005, 1429-1446.

[165] 孙璨，丘文浩，曾宪彬，等. 不同环境条件下 GFRP 筋长期力学性能试验[J]. 玻璃钢/复合材料，2014(8)：88-91.

[166] NELSON W. Accelerated testing-statistical models [M]. Test Plans and Data Analyses. John wiley and sons，1990.

[167] CARUSO H, DASGUPTA A. A fundamental overview of accelerated testing analytical models [J]. Journal of the Institute for Environmental Sciences and Technology, 1998：16-20.

[168] SEN R, MULLINS G, SALEM T. Durability of E-glass/vinylester reinforcement in alkaline solution [J]. ACI Structure Journal, 2002, 99(3).

[169] NKURUNZIZA G, MASMOUDI R, BENMOKRANE B. Effect of sustained tensile stress and temperature on residual strength of GFRP bars[C]. The Proceedings of Second International Conference on Durability of FRP Composites for Construction Montreal, 2002.

[170] ALMUSALLAM T H, AL-SALLOUM Y A. Durability of GFRP rebars in concrete beams under sustained loads at severe environments [J]. Journal of Composite Materials, 2006, 40 (7)：623-637.

[171] LITHERLAND K L, OAKLEY D R. The use of accelerated ageing procedures to predict the long term strength of GRF composites[J]. Cement and Concrete Research, 1981, 1(11)：455-466.

[172] BEDDOW J, PURNELL P, MOTTRAM J T. Allocation of GRC accelerated aging rationales to pultruded structure GFRP [C]. 9th International Conference on Fiber Reinforced Composite, University of Newcastle Upon Tyne, 2002：215-221.

[173] PHANI K, BOSE N R. Temperature dependence of hydrothermal aging of CSM-Laminate during water immersion [J]. Composites Science and Techology，1987, 29(2)：79-87.

[174] 代力，何雄君，杨文瑞. 考虑初始裂缝的 GFRP 筋混凝土梁受弯性能试验[J]. 武汉理工大学学报，2014, 36(9)：85-89.

[175] 中华人民共和国国家质量监督检验检疫总局中国国家标准化

管理委员会. 拉挤玻璃纤维增强塑料杆拉伸性能试验方法. GB/T 13096—2008[S]. 北京:中国标准出版社,2009.

[176] YILMAZ V T, GLSSER F P. Reaction of alkali-resistant glass fibers with cement, part 1: review, assessment, and microscopy[J]. Glass Technology. 1991, 32(3):91-98.

[177] BANK L C, GENTRY T R, Barkatt A, et al. Accelerated aging of pultruded glass/vinyl ester rods[C]. Second International Conference on Composite Infrastructure. Saadatmanesh H. and Ehsani M. R. 1998: 423-437.

[178] BANK L C, GENTRY T R. A model specification for FRP composites for civil engineering structures[J]. Construction and Building Materials. 2003, 3: 405-437.

[179] 姚谦峰,陈平. 土木工程结构试验[M]. 北京:中国建筑工业出版社,2003.

[180] 王伟,付凯. 玻璃纤维筋锚具研制及其力学性能试验研究[J]. 土木工程学报,2010(43),增刊:194-198.

[181] 矫桂琼,贾普荣. 复合材料力学[M]. 西安:西北工业大学出版社,2008.

[182] HEDGEPETH J M, VAN-DYKE P. Local stress concentration in imperfect filamentary composite materials [J]. Journal of Composite Materials, 1967, 1: 294-304.

[183] 李红周,贾玉玺,姜伟,等. 纤维增强复合材料的细观力学模型以及数值模拟进展[J]. 材料工程,2006(8):57-65.

[184] EI-SALAKAWY E, BENMOKRANE B, EI-RAGABY A, et al. Field investigation on the first bridge deck slab reinforced with glass FRP bars constructed in Canada[J]. Journal of Composites for Construction, 2005,9(6):470-479.

[185] 李静. 纤维增强树脂基复合材料的吸湿性和湿变形[J]. 航天返回与遥感,2010,31(2):69-74.

[186] BAGONLURI M, GARCIA F. Characterizaiton of fatigue and combined environment on durability performance of glass/vinyl ester composite for infrastructure applications [J]. International Journal of Fatigue,

2000，20(1)：53-64.

[187] MUFTI A，BANTHIA N，BENMOKRANE B，et al. Durability of GFRP composite rods [J]. Concrete International，2007，29(2)：37-42.

[188] 中华人民共和国住房和城乡建设部. 混凝土结构设计规范. GB 50010—2010[S]. 北京：中国建筑工业出版社，2011.

[189] 牛建刚，牛荻涛. 荷载作用下混凝土的耐久性研究[J]. 混凝土，2008(8)：30-33.

[190] 罗振华，蔡健平，张晓云. 有机涂层性能评价技术研究进展[J]. 腐蚀科学与防护技术，2004，16(5)：313-318.

[191] 牛荻涛. 混凝土结构耐久性与寿命预测[M]. 北京：科学出版社，2003.

[192] 柳静. 混凝土的碳化及其影响因素[J]. 混凝土，1995(6)：23-28.

[193] 刘俊哲. 混凝土碳化研究与进展(1)——碳化机理及碳化程度评价[J]. 混凝土，2005(11)：10-13.

[194] Sun W，Zhang Y，Liu S，et al. The influence of mineral admixtures on resistance to corrosion of steel bars in green high-performance concrete[J]. Cement and Concrete Research，2004，34(10)：1781-1785.

[195] 刘志勇. 基于环境的海工混凝土耐久性试验与寿命预测方法研究[D]. 南京：东南大学，2006.

[196] 万小梅. 力学荷载及环境复合因素作用下混凝土结构劣化机理研究[D]. 西安：西安建筑科技大学，2011.

[197] 黄利频，郑建岚. 测试混凝土孔溶液的 pH 值研究混凝土的碳化性能[J]. 福州大学学报(自然科学版)，2012，40(6)：794-799.

[198] YI P，HE J，YANG X. Natural environmental multi angle exposure contrast test about three kinds of polymer materials [J]. Sueface techology，2007，36(2)：18-21.

[199] WANG X. Environment experiment technology [M]. Beijing：Aviation Industry Publishing，2003.

[200] 邓聚龙. 灰预测与灰决策[M]. 武汉：华中科技大学出版社，2002.

[201] 傅立. 灰色系统理论及其应用[M]. 武汉:华中科技大学出版社,1992.

[202] 陈瑶,魏勇. 一种新灰色关联度的计算方法[J]. 乐山师范学院学报,2010,25(5):14-19.

[203] 孙岩,王登霞,刘亚平,等. 玻璃纤维/溴化环氧乙烯基酯加速老化与自然老化的相关性[J]. 复合材料学报,2014,31(4):916-924.

[204] 蔡洪能,宫野靖,中田政之,等. 玻璃增强纤维树脂基复合材料弯曲速度时间温度相关性[J]. 复合材料学报,2005,22(5):178-183.

[205] 刘久思. 混凝土梁中 GFRP 筋的长期耐久性能研究[D]. 武汉:武汉理工大学,2012.

[206] TREJO D. GARDONI P, KIM J J. Long-term performance of GFRP reinforcement[R]. Texas: Texas Transportation Institute, the Texas A&M University System College Station, 2009:53-64.